工学结合校企合作教材

高等职业技术教育"十三五"规划教材——文化产业类

色彩管理实务

SECAI GUANLI SHIWU

主　编◎高巧侠

副主编◎王　园　王潇潇　刘　艳

西南交通大学出版社

·成都·

图书在版编目（CIP）数据

色彩管理实务／高巧侠主编. —成都：西南交通
大学出版社，2016.8
高等职业技术教育"十三五"规划教材. 文化产业类
ISBN 978-7-5643-4862-5

Ⅰ.①色… Ⅱ.①高… Ⅲ.①印刷色彩学 – 高等职业
教育 – 教材 Ⅳ.①TS801.3

中国版本图书馆 CIP 数据核字（2016）第 179051 号

高等职业技术教育"十三五"规划教材——文化产业类

色彩管理实务

主编　高巧侠

责 任 编 辑	孟秀芝	
助 理 编 辑	李秀梅	
封 面 设 计	严春艳	

出 版 发 行	西南交通大学出版社 （四川省成都市二环路北一段 111 号 西南交通大学创新大厦 21 楼）
发行部电话	028-87600564　028-87600533
邮 政 编 码	610031
网　　　址	http://www.xnjdcbs.com

印　　　刷	四川煤田地质制图印刷厂
成 品 尺 寸	170 mm×230 mm
印　　　张	11
字　　　数	175 千
版　　　次	2016 年 8 月第 1 版
印　　　次	2016 年 8 月第 1 次
书　　　号	ISBN 978-7-5643-4862-5
定　　　价	28.00 元

《色彩管理实务》

编委会

前　言
PREFACE

在印刷生产过程中，即颜色复制过程中，纸张、油墨、印刷设备、操作人员等主客观因素都在影响着颜色再现质量，导致印刷品和原稿颜色相差甚远。数字化印前图文信息处理系统是开放型的，各种品牌、类型的设备呈色特征的多样性增加了颜色准确再现的难度。要正确而完善的复制原稿，必须有一种对色彩转换和传递进行控制的机制，这就是色彩管理。

本书结合色彩管理理论知识，重在培养学生的实操能力，让学生在了解色彩管理技术概念的基础上，进一步注重色彩管理技术的具体操作和实际应用。

全书共分 4 个模块，均配有复习思考题，模块一：色彩与色彩测量，对色彩复制的基础知识进行介绍；模块二：印刷色彩管理，详细描述了色彩管理系统；模块三：印刷设备的色彩管理，讲述了输入和输出设备色彩管理的具体步骤；模块四：色彩管理的应用，重点介绍了色彩管理在数码打样和屏幕软打样方面的应用。

本书的模块一中项目一由高巧侠编写，项目二由王园编写，模块二和模块三由高巧侠编写，模块四项目一由高巧侠、王潇潇、刘艳编写，项目二、项目三由王园编写，全书由高巧侠统稿。

本教材由高巧侠主持编写，参与编写和整理的主要有高巧侠、王园、王潇潇、刘艳，主审周进（企业）。本书在编写过程中得到了北京今印联设备有限公司、重庆新生代彩印技术有限公司和爱色丽（上海）色彩科技有限公司的大力帮助，在此表示由衷的感谢。

本书编写过程中参考了部分网络资源及文献，在此对原作者表示特别感谢。

由于作者水平有限，书中难免有不妥之处，敬请读者多提宝贵意见，以期在修订时更加完善。

高巧侠

2016 年 4 月

目 录
CONTETS

☆ ☆ ☆模块四　色彩管理的应用 ☆ ☆ ☆

MO KUAI YI 模块一

色彩与色彩的测量

项目一　认识色彩

任务一　色彩基本知识

【知识目标】

（1）掌握色彩的本质；

（2）掌握色彩形成机理；

（3）理解色彩的描述方式；

（4）理解色彩空间。

【能力目标】

掌握色彩的本质及形成机理，掌握色彩描述与色彩空间的概念。

一、色彩的本质

五光十色、绚丽缤纷的大千世界里，色彩使宇宙万物充满情感，显得生机勃勃。色彩作为一种最普遍的审美形式，存在于我们日常生活的各个方面，包括衣、食、住、行、用。人们几乎无时无刻地都在与色彩发生着密切的关系。

早在人类的古代遗迹中就有色彩的应用，但颜色科学，直到牛顿通过三棱镜发现太阳光，才由七色光谱迈入新纪元。早期有很多关于光的反射的研究，先有德国物理学家 Ostwald 色彩论的发表，至 20 世纪又有美国 Munsell 的出现，为色彩的研究打下基础。

自然界的一切动植物，以各种颜色存在，那么色彩的本质是什么呢？从本质上来说，色彩是一种光学现象，是光作用于物体后对光进行选择性吸收、反射的结果。我国国家标准 GB 5698—1985 中，色彩的定义为：色是光作用于人眼引起除形象以外的视觉特性，根据这一特性，色是一种物理刺激作用于人眼的视觉特性。世界上之所以有五彩缤纷的色彩，都是因为光的作用。如图 1-1 所示。从 0.39 μm 到 0.77 μm 波长之间的电磁波，才能引起人们的色彩视觉感受，此范围称为可见光谱。波长大于 0.77 μm 称红外线，波长小于 0.39 μm 称紫外线。

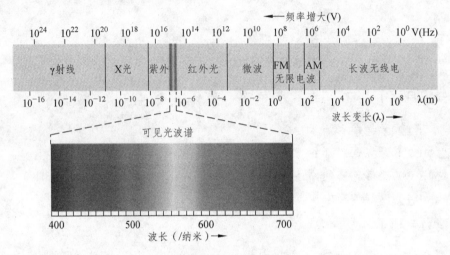

图 1-1　电磁波辐射波长范围及可见光谱

二、色彩形成机理

色彩是一种视觉现象，是通过人眼和大脑传导的一种视觉感受。色彩形成的四大要素是光源、颜色物体、人眼、大脑。这四个要素是人能正确判断颜色的必要条件。四个要素缺一不可，一旦四个要素中其中一个要素发生变化，得到的颜色效果也会发生改变。

色彩形成的机理是：光源发出的光线照射到彩色物体表面，彩色物体根据自身表面的化学特性对光线进行选择性（或非选择性）地吸收，再将其余光线反射或透射出来，这部分光线最后到达人眼，在人眼的视网膜上成像，并刺激人眼中的视觉神经，视觉神经再将这些刺激信号传输到大脑中枢，从而产生颜色，如图 1-2 所示。

自然界的物体五花八门、变化万千，它们本身虽然大都不会发光，但都具有选择性地吸收、反射、透射色光的特性。当然，任何物体对色光不可能全部吸收或反射，因此实际上不存在绝对的黑色或白色。常见的黑、

4

白、灰物体色中,白色的反射率是 64%～92.3%;灰色的反射率是 10%～64%;
黑色的反射率是 10% 以下。

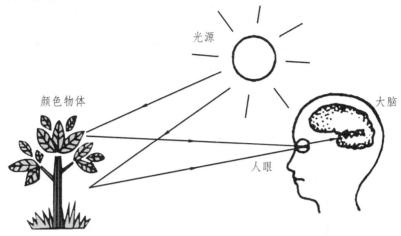

图 1-2　色彩形成机理

　　物体对色光的吸收、反射或透射能力,受物体表面肌理状态的影响。
表面光滑、平整的物体,对色光的反射较强,如镜子、磨光石面、丝绸织
物等;表面粗糙、凹凸、疏松的物体,易使光线产生漫射现象,故对色光
的反射较弱,如毛玻璃、海绵等。

　　虽然,物体对色光的吸收与反射能力是固定不变的,但是物体的表面
色却会随着光源色的不同而改变,有时甚至会失去其原有的色相感觉。所
谓的物体"固有色"实际上不过是常见的光源下人们对此的习惯而已。若
在闪烁、强烈的各色霓虹灯光下,所有建筑及人物的肤色几乎都失去了原
有本色。

三、色彩描述方式

　　随着色彩研究的深入,色彩应用领域出现了能够准确描述色彩的定量
方式。目前比较著名的描述色彩的方式可以分为两类:一类是显色系统表
示法（Color Appearance System）,这种方法是指通过色彩观察实验,根据
色彩的外观与观察者的视觉感受,将色彩进行系统的归纳与排列;另一类
是混色系统表示法（Color Mixing System）,这种方法是指不同色彩由三原
色光红、绿、蓝匹配得出的一种系统。

I. 显色系统表示法

为了描述色彩，引入了三个物理量，称为色彩三属性，即色相（Hue）、明度（Value 或 Brightness）、饱和度（Saturation 或 Chroma）。

色相，即色彩的外貌，是色彩最基本的外部特征，也是色与色相互区分的特征。不同波长的可见光谱的辐射在视觉上表现为不同的色相。例如，红、橙、黄、绿、青、蓝、紫，即不同波长光谱的色相，分别表示一个特定波长的色光给人的特定色彩感受。

明度，也称为亮度（Brightness）。一般来说，色彩的明度是人眼所感觉到的色彩明暗程度。由于明度的差别，同一色相具有不同的色彩，如同一种绿色可以分为浅绿、淡绿、墨绿等。色彩的明度取决于人眼所感受的物体反射或透射光辐射强度的大小。物体反射（透射）光亮的不同，即物体反射（透射）率不同，则导致彩色物体的明度产生差异。物体表面的反射率越高，明度就越高，即彩色物体越接近白色则明度越大，越接近黑色则明度越小。调色时，白色颜料是反射率高的物质，如果在其他颜料中加入白色，可以提高混合颜色的明度；黑色颜料是反射率极低的物质，如果在其他色料中混入黑色，可以降低混合颜色的明度。但值得注意的是，在颜色中混入白色和黑色后，除了明度发生变化以外，往往会引起色彩饱和度的变化。此外，人眼分辨明度差别的准确度还决定于环境总的亮度水平，亮度过高或过低时，人眼分辨明度差别的准确度都会下降；只有在亮度适中的环境下，人眼对明度的分辨力才能达到最佳状态。

饱和度，也称为纯度（Chroma）。首先，物体的饱和度取决于该物体表面对反射光谱色光的选择性。物体对光谱某一较窄波长的光反射率高，而对其他波长的光反射率很低或没有反射，则表明它有很高的光谱选择性，其饱和度就高。如果物体能反射某一色光，同时也能反射一些其他色光，则它的饱和度就低。其次，色彩饱和度与呈色物体的表面结构也有关。如果呈色表面结构光滑，表面反射光单向反射，这时对着反射光观察，由于光线亮得耀眼，色彩饱和度就低；而在其他方向，由于反射白光很少，色彩饱和度就高。

颜色的色相、明度和饱和度都是人在观察色彩时的视觉心理量，是人们的主观颜色感觉。虽然三属性分别与主波长、光强以及光谱能量分布有关，但它们并不是光的物理属性，其表现形式与度量都取决于人类的视觉。

颜色的三个属性是相互独立的，但不能单独存在。它们相互联系，相互影响。其中，色相和饱和度称为色度，是对颜色感觉描述的重点。此外，颜色加白会提高其明度，加黑会降低其明度，随着白和黑的增加，在颜色明度改变的同时，颜色的饱和度也会变化，白量和黑量越多，饱和度就越低。

颜色的色相、明度、饱和度，只有在亮度适中的时候才能充分体现出来。在亮度极低的环境下，人眼很难辨别色相和饱和度；在亮度极高的环境下，人眼接受刺激程度达到一定极限，色彩会给人以刺激眼睛的感觉，这时无法分辨色彩的三属性。

显色系统是在汇集各种实际色彩的基础上，根据色彩的外貌，按直接观察颜色视觉的心理感受，将色彩有系统、有规律地进行归纳和排列，并给各色以相应的文字、数字标记等固定空间位置的方法。显色系统表示法是用颜色的三属性来描述颜色的，常见的显色系统有孟赛尔系统、奥斯瓦尔德系统、色谱表示法、色谱、日本 CC5000 色彩图、美国 OSA 匀色标等。

（1）孟赛尔系统。

孟赛尔系统是在 1905 年由孟赛尔创立的，该系统的指导原则是色空间的均匀性，如图 1-3 所示。孟赛尔系统由红（R）、黄（Y）、绿（G）、蓝（B）、紫（P）等五种主色调和黄红（YR）、绿黄（GY）、蓝绿（BG）、紫蓝（PB）、红紫（RP）等五种中间色调组成，并将其排列在一个环中。每种色调又划分为 10 个亚色调：1R、2R、3R、4R、5R、6R、7R、8R、9R、10R，这样色调就分成了 100 级。并且孟赛尔论证了五个基本色调能够形成中性色。

色相的基本色是能够形成视觉上的等间隔的红（R）、黄（Y）、绿（G）、蓝（B）、紫（P）五种颜色，再在它中间插入黄红（YR）、黄绿（GY）、蓝绿（BG）、蓝紫（PB）、红紫（RP）五种颜色，组成十种颜色的基本色相。把基本 10 色相中的每个色相再细划分为 10 等份，形成 100 个色相，将其分布于圆周的 360°中。例如红色 R 划分为 1R、2R、3R…9R、10R，接着1YR、2YR…最初选出的颜色作为各色相的代表色，用 5 标记，例如 5R、5YR、5Y…5RP。

孟氏色立体的中心轴无彩色系，从白到黑分为 11 个等级，其色相环主要由 10 个色相组成：红（R）、黄（Y）、绿（G）、蓝（B）、紫（P）以及它们相互的中间色黄红（YR）、绿黄（GY）、蓝绿（BG）、紫蓝（PB）、红紫（RP）。R 与 RP 间为 RP+R，RP 与 P 间为 P+RP，P 与 PB 间为 PB+P，PB 与 B 间为 B+PB，B 与 BG 间为 BG+B，BG 与 G 间为 G+BG，G 与 GY 间为

GY+G，GY 与 Y 间为 Y+GY，Y 与 YR 间为 YR+Y，YR 与 R 间为 R+YR。为了作更细的划分，每个色相又分成 10 个等级。每 5 种主要色相和中间色相的等级定为 5，每种色相都分出 2.5、5、7.5、10 四个色阶，全图册共分 40 个色相。明度被分为 11 级，从黑（0 级）到白（10）级。视觉均匀的非彩色用孟赛尔的目视测量仪器得到的光反射率来定义。在各明度等级前加上"N"表示无彩色，如 N0、N1、N3 等。对于限定的色调和明度，将相邻的颜色样品按等色差的方式排列，得到一个彩度不断增加的标尺，反复实验并选择满足这个要求的样品。

孟赛尔颜色系统用符号表示成 H/V/C，其中 H 代表色相调，V 代表明度，C 代表彩度。任何颜色都可用色相/明度/纯度（即 H/V/C）表示，如 5R/5/14 表示色相为第 5 号红色，明度为 5，纯度为 14，该色为中间明度，纯度为最高的红。

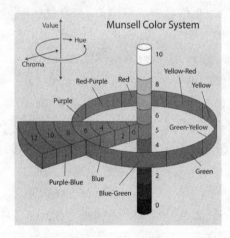

图 1-3　孟赛尔系统

（2）奥斯瓦尔德系统。

奥斯瓦尔德于 1921 年首先创立奥斯瓦尔德颜色立体。奥斯瓦尔德颜色系统的基本色相为黄色（Y）、橙色（O）、红色（R）、紫色（P）、蓝色（UB）、蓝绿色（T）、绿色（SG）、黄绿色（LG）等 8 个主要色相，每个基本色相又分为 3 个等级，组成 24 个分割的色相环，从 1 号排列到 24 号。如图 1-4 所示为奥斯瓦尔德颜色空间的色相环。奥斯瓦尔德的全部色块都是由纯色和适量的白黑混合而成的，其关系式为：白量 W+黑量 B+纯色量 C=100。

奥斯瓦尔德消色系统的明度分为 8 个梯级，附以 a、c、e、g、i、l、n、

p 的记号。a 表示最明亮的白色标，p 表示最暗的黑色标，其间有 6 个等级的灰色。这些色调所含的黑白量是根据亮度的等比级数增减的，明度是以眼睛可以感觉到的等差级数增减决定的。

奥斯瓦尔德颜色系统共包括 24 个等色相三角形，每个三角形共分为 28 个菱形，每个菱形都带有标记，用来表示该色标所含白与黑的量，例如某色色标为 nc，n 表示含白量为 5.6%，c 表示含黑量为 44%，则其中包含的纯量为：

$$100\% - （5.6\% + 44\%）= 50.4\%$$

这样做成的 24 个等色相三角形，以消色轴为中心回转三角形时成为一复圆锥体，也就是奥斯瓦尔德颜色立体。

奥斯瓦尔德颜色立体的不足之处在于三角形中的颜色有限，新的、更饱和的颜料发现后在图上难以表示出来，并且颜色的分级也是不符合视觉心理的。

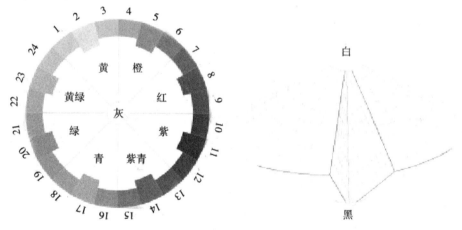

图 1-4　奥斯瓦尔德色相环（引自干图网）

（3）色谱表示法。

色谱是以某些颜料为基本色调并按一定比例和形式编排后，组成一个含有一定数量的色块，并有规律排列起来的色样。色谱表示法是一种以有规律排列的一系列实际色块作为参考色样的最直观、通俗的颜色表示方法。常见色谱如图 1-5 所示。

（4）日本 CC5000 色彩图。

日本 1978 年 12 月出版了一套颜色样卡，称为新日本颜色系统（New

Japan Color System），共包括 5 000 块颜色。它也是按孟塞尔颜色系统的命名方法，但考虑到孟赛尔立体中只有 40 种色调，不能满足实际需要，尤其是在 R 到 Y 和 PB 区域，所以又加入了 1.25R、6.25R、1.25YR、3.75YR、8.75YR、6.25Y、3.75PB、6.25PB 等 8 种色调，总共 48 种色调。亮度分为 18 个等级，每等级为 0.5，由 1 到 9.5。饱和度分为 14 个等级，由 1 到 14，每极差为 1。这套颜色样卡包括 22 本色彩图，按 14 个饱和度排列，同饱和度的颜色放在一面上。另外，在许多颜色上还标有一般称呼颜色的名称，印在覆盖颜色块的半透明的薄膜上。

图 1-5　色谱图

（5）美国 OSA 匀色标。

美国光学学会（OSA）在 1977 年制定了 UCS 匀色空间，共有 558 种颜色，其中 424 种颜色组成一套，称为 OSA 匀色标。OSA 匀色标分 2cm × 2 cm、6 cm × 8 cm、4 cm × 6 cm、2 cm × 6 cm、3 cm × 4 cm 等 5 种规格。这种色卡可以长期保存，色彩均匀，测定颜色准确，与孟塞尔颜色系统可以定量联系。

2. 混色系统表示法

混色系统表示法（Color Mixing System）是不同色彩由三原色光红、绿、蓝三种色光匹配得出的一种系统。

（1）色彩混合理论。

①加色混合。

两种或两种以上的色光混合形成第三种色光，称为色光加色法，如图1-6所示。自然界中绝大多数光都是混合色光。我们把红、绿、蓝三种色光视为色光三原色，所有色光都可以由这三种色光叠加而成。色光相加，亮度相加，越加越亮。

　　在彩色复制系统中，照相机、扫描仪、显示器等设备都是根据色光加色原理显色的。

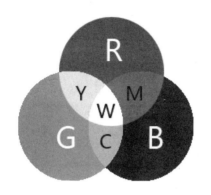

图1-6　加色混合　　　　　　　图1-7　减色混合

　　② 减色混合。

　　两种或两种以上色料混合后，会产生另外一种颜色，色料吸收光谱导致反射光亮减少，称为减色混合，如图1-7所示。黄、品红、青三种颜色称为色料三原色，三种色料混合可以形成几乎所有颜色，而这三种颜色不能由其他色料混合而成。

　　四色印刷中，网点叠合形成五颜六色的颜色，属于减色混合。

　　（2）CIE标准色度学系统。

　　CIE标准色度学系统是采用CIE规定的一套颜色测量原理、数据和计算方法。它以两组基本视觉实验为基础，测量出某种色料反射和透射三原色光的数量，将这种三原色的量称为色彩三刺激值，这样色彩感觉能用定量的方式来表达。这种方法已经作为国际通用的表色、测色标准。

四、色彩空间

　　常用的色彩管理软件支持不同的色彩空间，一般色彩空间分为两大类：一类是与设备相关的色彩空间；另一类是与设备无关的色彩空间。

Ⅰ. 与设备相关的色彩空间

（1）RGB 色彩空间。

RGB 色彩空间是基于色光混合的原理来描述色彩的，主要是通过改变红、绿、蓝三种色光强度来呈现不同的颜色。数码相机、扫描仪、显示器等设备都是使用该种色彩空间显色。扫描仪就是从原稿中获得一定光亮的红、绿、蓝色光，将光信号转变为电信号，显示器收到这些电信号后再转换为光信号，即红、绿、蓝三色光的光亮，从而在人眼中感觉出不同的色彩。

同一副原稿，在不同的显示器中显示的颜色有所差别，这就是因为 RGB 色彩空间是与设备相关的色彩空间，只有在特定设备中才能显示出准确的颜色。如图 1-8 所示，在 photoshop 中定义颜色界面，线框内为用 RGB 方法定义颜色。

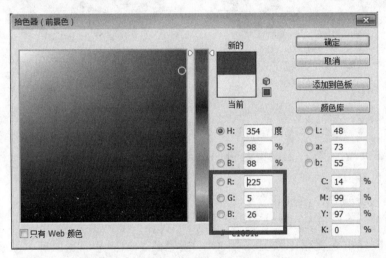

图 1-8　photoshop 中用 RGB 定义颜色

（2）CMYK 空间。

CMYK 空间是基于色料减色的原理，是印刷油墨呈现颜色的方式，也是打印机和胶片呈色的机理。不同的黄、品红、青油墨可以叠加出不同的油墨颜色，但是即使原色油墨比例相同，不同厂家、不同型号的黄、品红、青油墨叠加也可以产生不同的颜色。CMYK 空间是与设备相关的颜色空间，会因印刷设备、油墨、纸张的特性而异。如图 1-9 所示，在 photoshop 中定义颜色界面，框线内为用 CMYK 方法定义颜色。

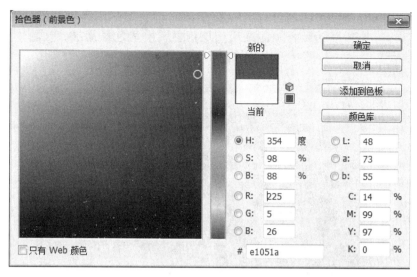

图 1-9　photoshop 中用 CMYK 定义颜色

2. 与设备无关的色彩空间

在彩色复制工艺中，为了准确地进行色彩转换和色彩复制，必须借助一些与设备无关的颜色空间，常见的与设备无关的颜色空间有 HSB 色彩空间、Lab 色彩空间。

（1）HSB 色彩空间。

HSB 色彩空间是基于颜色三属性来描述颜色的，即色相（H）、明度（B）和饱和度（S）。其中，色相是以角度表示，从 0°～360°，纯红色定义为 0°。饱和度用百分数表示，从 0%～100%，灰色饱和度为 0%，100% 表示饱和度最高。明度也用百分数表示，0% 表示明度最低，即黑色；100% 表示明度最高，即白色。

如图 1-10 所示，在 photoshop 中定义颜色界面，红线内为用 HSB 方法定义颜色。

（2）Lab 色彩空间。

Lab 色彩空间是一种均匀颜色空间，它是基于一种颜色不可能同时是红色和绿色，也不可能同时是黄色和蓝色的理论。Lab 空间由一个明度因数 L以及两个色度因数 a 和 b 组成。L 范围是从 0 到 100，a 表示从红色变化到绿色，b 表示从黄色变化到蓝色，范围均是从-120 到 120。

当颜色从 RGB 色彩空间转换到 CMYK 空间时，首先是从 RGB 转换到与设备无关的 Lab 空间，再转换到 CMYK 空间。与设备无关的颜色空间不受设备特性和环境的影响，能准确实现色彩转换和色彩复制。如图 1-11 所示，是在 photoshop 中定义颜色界面，线框内部分用 Lab 方法定义颜色。

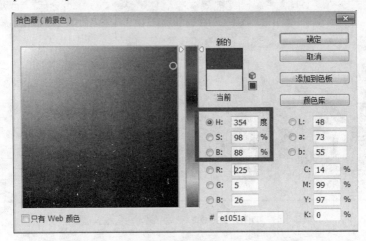

图 1-10　photoshop 中用 HSB 定义颜色

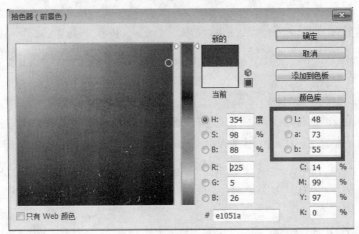

图 1-11　photoshop 中用 Lab 定义颜色

任务二　色彩测量标准与数据分析

【知识目标】

（1）掌握印刷四色油墨质量评价；

（2）掌握印刷网点增大的测量与分析；

（3）了解色差测量及分析。

【能力目标】

掌握印刷品四色质量评价指标与分析能力，掌握网点增大的测量与分析，掌握色差测量与分析方法。

一、印刷四色实地密度

对四色印刷而言，实地密度是影响色彩复制质量的一个重要因素。实地密度在一定程度上决定了油墨墨层厚度，同时也决定了印刷品的网点扩大及印刷品的层次再现情况。一般情况下，原稿的层次比较丰富，比如照片，而复制成印刷品后，层次都会有一定的损失与压缩。若实地密度太小，则层次的再现能力比较低，因此需要提高实地密度值，尽量减少层次的压缩量，从而提高阶调的再现能力；若实地密度值过高，由于墨层太厚和印刷压力的影响，造成网点扩大过大，也会使层次受到损失，尤其是暗调部分层次非常容易损失，因此控制实地密度对于整个阶调的复制至关重要。然而，不同品牌、不同规格的油墨，印在不同承印物上，达到的实地密度都是不同的。所以，在实际生产中，要针对不同承印物、不同的油墨，确定最佳实地密度。一般而言，较为先进的印刷机，配置了联机或手动的密度仪不断进行实时监控，根据需要进行调整。表 1-1 列出了我国行业标准CY/T5—1999 所规定的印刷品实地密度标准。

表 1-1　我国印刷品实地密度标准

颜色	精细印刷品实地密度	一般印刷品实地密度
黄（Y）	0.85～1.10	0.80～1.05
品红（M）	1.25～1.50	1.15～1.40
青（C）	1.30～1.55	1.25～1.50
黑（K）	1.40～1.70	1.20～1.50

二、印刷四色油墨颜色质量评价

彩色图像最终呈色效果与油墨质量有直接关系，因为油墨是彩色印刷品色彩的来源，最后的视觉效果是依靠油墨印刷在纸张上的效果来决定的，所以彩色印刷要求油墨的颜色能使印刷品色彩鲜艳、明亮。目前常采用彩色密度来评价油墨颜色特征。彩色密度是用红、绿、蓝三个滤色片测量密度，也称为三滤色片密度，它是由美国印刷技术基金会 GATF 推荐的，提出了用四个参数来表征油墨的颜色质量特性，即色强度、色相误差、灰度、色效率。表 1-2 列举了某品牌青、品红、黄三种油墨的三原色密度值。

表 1-2　三色油墨密度值

色别	D_R	D_G	D_B
青	1.38	0.38	0.16
品红	0.17	1.31	0.21
黄	0.10	0.08	1.09

1. 油墨色强度

三彩色密度中，密度值最大的即是油墨的色强度。油墨强度是油墨的主密度值，决定了油墨颜色的饱和度，影响着套印间色和复合色相颜色的准确性，也影响到中性色的平衡。例如在表 1-2 中，青油墨的色强度为 1.38，品红油墨的色强度为 1.31，黄油墨的色强度为 1.09。一般工艺条件下，青油墨的主密度值在 1.40 ~ 1.50，品红墨的主密度值在 1.30 ~ 1.40，黄墨的主密度值在 1.00 ~ 1.10，黑墨主密度值在 1.50 ~ 1.60。

2. 色相误差

现实中油墨不可能达到百分之百的纯度，对光谱存在选择性吸收不良，产生不应有密度，造成了色相误差。不应有密度的大小用色相误差来表示。油墨三色密度中存在高、中、低三个密度值，色相误差的计算公式如下：

$$色相误差 = \frac{中密度值 - 低密度值}{高密度值 - 低密度值} \times 100\%$$

例如，表 1-2 中青墨的色相误差为：

$$色相误差 = \frac{0.38 - 0.16}{1.38 - 0.16} \times 100\% = 18.03\%$$

3. 灰　度

油墨的灰度是指油墨中含有的非彩色成分。三彩色密度中，低密度值处存在对光的不应有吸收，起到消色的作用。灰度的计算公式如下：

$$灰度 = \frac{低密度值}{高密度值} \times 100\%$$

例如，表 1-2 中青墨的灰度为：

$$灰度 = \frac{0.16}{1.38} \times 100\% = 11.60\%$$

4. 色效率

油墨色效率是指一种理想原色油墨应当完全吸收 1/3 的补色光，完全反射其他两种色光。因为油墨纯度不够，存在不应有吸收和吸收不足，使油墨的色效率下降。由此可见，色效率只对三原色有意义，对于二次色就没有意义了。色效率的计算公式如下：

$$色效率 = 1 - \frac{低密度值 + 中密度值}{2 \times 高密度值} \times 100\%$$

例如，表 1-2 中青墨的色效率为：

$$色效率 = 1 - \frac{0.16 + 0.38}{2 \times 1.38} \times 100\% = 80.43\%$$

三、网点增大评价

网点是油墨附着的基本单位，起着传递阶调、组织色彩的作用。网点增大是指印刷在承印材料上的网点相对于分色片上的网点增益。网点增大会损坏印刷品，破坏画面平衡。由于技术和光线吸收的原因，网点扩大不可避免。印刷质量控制的目标之一就是为印刷机、纸张的组合规定相应的网点增大标准，并在制作胶片时考虑到这个标准值，从而通过工艺补偿进行网点增大控制。为了确定网点增大标准，需要对印刷网点增大进行测量。

网点扩大的测量通常是在具体的印刷材料、印刷设备和印刷压力下，用胶片晒制出含有不同网点面积率的测控条，并印制出印张。印张上的测控条上的色块可以用密度仪测出实际网点面积率，进而计算出网点增大值。

网点扩大值=实际测量网点面积率-规定网点面积率

四、相对反差

相对反差的计算公式为：

$$K=（Dv\text{-}D_{0.75（0.8）}）/Dv$$

其中，Dv 是指该油墨的实地密度值；$D_{0.75（0.8）}$ 是指网点面积率为 75% 或 80% 的色块的密度值。从公式可以看出，当相对反差值 K 较大时，$D_{0.75（0.8）}$ 与 Dv 密度值相差较大，样张暗调层次清楚，色彩饱和度较高。若 K 值较小，说明暗调部分扩大严重，层次不清楚，色彩饱和度较低。相对反差值是衡量暗调是否清晰的一项重要指标，也是确定印刷实地密度的一个重要参数。

相对反差值可用密度计测量出实地密度、网点面积率为 75% 或 80% 的色块的密度，再用公式计算出；也可用密度仪直接测量得出。

五、叠印率

叠印率也叫油墨的受墨力，是度量油墨叠印程度的物理量。叠印率的数值越高，叠印效果越好。多色印刷的叠印率可由密度仪测量得出。

六、色差分析

色差是指用数值的方法表示两种颜色给人色彩感觉上的差别。色差是检验标准颜色和测量颜色之间的数值差别。颜色色差包含一些输出的彩色样品与已知标准颜色测量值的比较，进而判断样品与标准的接近程度，若色差比较大，则需要对印刷工艺进行调整。

CIE 国际照明标准委员会在 CIE1976L*a*b*色度系统下推出了色差计算公式，该公式适用于任何光源色和物体色之间色差的表示与计算。

两个样品都以 CIEL*a*b*标定颜色，两者之间的各项色差及总色差的计算公式如下：

明度差： $\Delta E_{ab}^{*} = \sqrt{(\Delta L_{ab}^{*})^{2}+(\Delta a_{ab}^{*})^{2}+(\Delta b_{ab}^{*})^{2}}$

色度差： $\Delta L_{ab}^{*} = L_{ab样品}^{*} - L_{ab标准}^{8}$

彩度差： $\Delta a_{ab}^{*} = a_{ab样品}^{*} - a_{ab标准}^{*}$ ； $\Delta b_{ah}^{*} = b_{ab样品}^{*} - b_{ab标准}^{*}$

色相差： $\Delta C_{ab}^{*} = C_{ab样品}^{*} - C_{ab标准}^{8}$

色相角差： $\Delta h_{ab}^{*} = h_{ab样品}^{*} - h_{ab标准}^{8}$

总色差： $\Delta H_{ab}^{*} = \sqrt{(\Delta E_{ab}^{*})^{2} - (\Delta L_{ab}^{*})^{2} - (\Delta C_{ab}^{*})^{2}}$

项目二　常用的色彩测量设备

任务一　常用测量仪器的结构与测量原理

【知识目标】

（1）色彩测量原理；

（2）密度仪的结构与工作原理；

（3）分光光度计的结构与工作原理。

【能力目标】

掌握常用色彩测量仪器的结构与工作原理。

在印刷过程中，尤其是色彩再现过程中需要获得准确的色彩描述数值，这就需要依赖于色彩测量仪器。常用的色彩测量仪器为密度仪和分光光度计。

一、密度仪的测量原理与结构

在彩色印刷品的复制过程中，密度是质量评定的重要指标之一。实际印刷过程中常用的密度仪主要有便携式反射密度计（见图 1-12）和透射密度计（见图 1-13）。

图 1-12　反射式密度计

图 1-13　透射式密度计

彩色密度仪（反射式密度计）的工作原理），如图 1-14 所示。

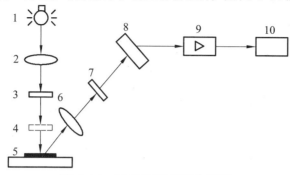

图 1-14　彩色密度仪工作原理

（1）光源 1 发出的光通过透镜 2，聚焦后射到印刷面上，其中有一部分光被吸收，吸收的光量取决于被测样品 5 的颜料浓度和厚度，未被吸收的光则发生反射。

（2）透镜系统 6 收集与测量光线成 45°的反射光线，并将其送到接收器 8（光敏二极管），接收器将所接收到的光量转化为电量。

（3）电子系统 9 将此测量电流与基准值（标准白板的反射光量）进行比较，根据此差值计算被测样品 5 墨膜的吸收特性。

（4）滤色镜 4 分别使用 R、G、B 三种滤色片，从而只允许印刷油墨相应波长的光线通过，测量得到样品的彩色密度值。

二、分光光度计的测量原理与结构

分光光度计（见图 1-15）的工作原理是把光源的光分解为光谱，从所得到的光谱中用狭缝挡板导出一单色光，然后将单色光投射到被测样品上去，单色光通过被测物体的透射或反射情况在记录表上被指示出来。

分光光度计分为：红外分光光度计（测定波长为大于 760 nm 的红外光区）、可见光分光光度计（测定波长为 400～760 nm 的可见光区）和紫外分光光度计（测定波长为 200～400 nm 的紫外光区）。

对于颜色复制而言，通常采用可见光分光光度计，对于待测色（一般是 400～760 nm），每隔 10 nm 逐一测出光反射率或者透射率，将各个波长的反射率或者透射率用点连接起来就可绘出分光光度曲线。分光光度曲线可以表示有色物体完成色彩特征，一种彩色物体有且仅有一个分光光度曲线。

图 1-15　分光光度计（I1 Pro）

任务二　常用色彩测量设备的使用

【知识目标】

（1）密度仪的使用；

（2）分光光度计的使用。

【能力目标】

掌握常用的色彩测量设备的使用方法。

一、彩色密度仪——爱色丽 528 的使用

I. 密度测量

（1）找到电源开关，打开爱色丽 528（见图 1-16）。

图 1-16　打开爱色丽 528

（2）在主面板，利用标准白板对爱色丽528进行校正（见图1-17）。

图1-17　标准白板进行校正

（3）在主面板，找到所需测量的目标（以三色密度为例）（见图1-18）。

图1-18　在主面板找到需要测量的目标

（4）找到所需测量的色块，将小孔对准色块（见图1-19）。

图1-19　小孔对准需要测量的色块

（5）轻轻按下（即合上爱色丽 528），等待听到一声清脆的"嘀"声，便可松开爱色丽 528，此时主界面上显示出了测量值（见图 1-20）。

图 1-20　测量完成

爱色丽 528 还可以测量网点面积率、叠印率、相对反差、色相误差和灰度等参数，操作方法与上述操作过程基本相同。在主面板中找到要测量的项目，进入界面，按照提示进行操作。

二、密度仪——爱色丽 eXact 的使用

1. 爱色丽 eXact 基本设置

（1）仪器校准。爱色丽 eXact 外观如图 1-21 所示，该设备为触摸式操作。

开机/关机键

图 1-21　爱色丽 eXact

一般情况下仪器应每天校准一次，具体校准时间可由使用频率决定。在使用仪器时，若是仪器校准过期，在仪器测量界面会提示需要校准，将仪器平放置在平台上，触点开始，待测量界面显示校准完成即可正常使用；

若是校正未过期，需进行校准操作，可滑动主界面到第一个界面，触点诊断，弹出新界面，触点左边靶心图标，弹出校准信息，滑动此界面到底部，触点马上校准，将仪器放置在平台上，触点开始，待测量界面显示校准完成即可正常使用。

（2）测量条件设置。根据客户要求或者自身测量时使用参数要求对测量模式进行设置，要设置多模式测量（一个测量中的多个光谱）M0、M2和M3测量条件，则在仪器底部滑动开关至位置（0）；要设置M1测量条件，则在仪器底部滑动开关至测量孔左上方位置，（见图1-22）。

M0：使用A光源测量出的反射率，以前被称为无滤镜，包含紫外线。

M1：使用D50光源测量出的反射率，以前被称为日光或D65-滤镜。

图1-22　爱色丽 eXact 测量条件选择

（3）测量设定。开机后，在主菜单屏幕选择操作工具，轻触，新界面如图1-23所示。

图1-23　主屏幕

在进入测量界面后，轻触界面下方三角图标，弹出参数设置窗口，轻触"激活函数"即可选择所需测量项目，在选项后方空方格轻触，每个项目对应后方的"？"是对此项目的含义进行解释。每个测量界面最多可以选择10个测量项目，一般建议选择常用的即可，无需勾选太多。选择完成后，轻触右上角返回按钮，回到参数设置窗口，可再作其他参数设置（见图 1-24）。

图 1-24　爱色丽 eXact 测量函数选择

参数设置窗口，轻触"设置"，弹出测量参数设置窗口，根据客户要求或公司测量要求规定的光源、视角、密度状态、密度基准白、测量条件等，依次在对应设置选项设置所需参数，轻触右上角返回按钮即可。返回到测量界面，在其上方即可看到当前测量使用的测量参数（见图 1-25）。

图 1-25　爱色丽 eXact 测量条件选择

2. 常用测量参数

（1）密度测量。

密度测量显示结果如图 1-26 所示。

（2）密度趋势。

此功能显示针对某一特定密度色彩响应获取的最近 10 个密度值柱状。例如，需要测量多个样品或同一色带不同位置上同一颜色的密度值，通过此功能，可以连续测量 10 个样品，在同一界面通过柱状的形式显示密度值，较为直观。

如果设置密度基准白为纸张则需要先轻触此处，完成纸张底色测量，再进行密度测量

轻触此处，可改变色彩滤镜，专色或自动，若改为专色，则密度数值前方的标识在测量时显示对应的波长数值

图 1-26　爱色丽 eXact 密度测量

（3）所有密度。

此功能显示所有滤镜（青色、品红色、黄色和黑色）测量样品的密度值。类似密度功能，在测量样品时，显示主密度，同时还显示其他滤镜下的密度值。

（4）CMYK 平衡。

此功能可用于轻松比较灰平衡色块与已定义标准，以读取图形显示。此功能需要带有目标 CMYK 密度值的标准，外加容差功能设置（见图 1-27）。

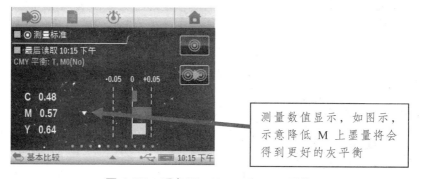

测量数值显示，如图示，示意降低 M 上墨量将会得到更好的灰平衡

图 1-27　爱色丽 eXact CMYK 平衡

（5）色调值（网点区域）。

此功能通过将色调色块的密度值与纸张密度和实地密度值进行比较，得出确定色调或半色调色块绝对油墨覆盖率（％）的方式。结果可用默里—戴维斯或优尔—尼尔松方法计算，测量界面（见图 1-28）。

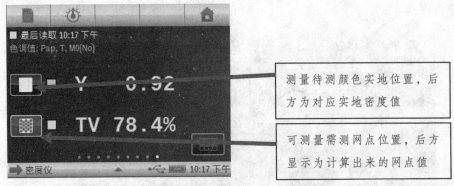

测量待测颜色实地位置，后方为对应实地密度值

可测量需测网点位置，后方显示为计算出来的网点值

图 1-28　爱色丽 eXact 色调值测量

（6）色调值增加（网点增益）。

此功能是色调色块的实际色网点值和理论网点值之间的差异。通常定义值为 25%、50% 和 75%、40% 和 80%，但也可以输入自定义值。测量类似网点功能，在测量网点部分时，测量对应设置的网点位置即可，仪器会显示测量值与设置值之间的差值。

（7）叠印功能。

此功能决定一种实地油墨打印到另一种实地油墨上面的效果（套印）。覆盖范围越好，色域越好。可设置叠印公式，选项有：Preucil、Brunner 和 Ritz。测量显示实地油墨密度和套印值。程序规定了先印油墨、第二印油墨和套印测量。爱色丽 eXact 叠印率测量界面（见图 1-29）。

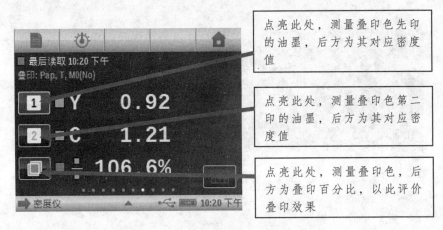

点亮此处，测量叠印色先印的油墨，后方为其对应密度值

点亮此处，测量叠印色第二印的油墨，后方为其对应密度值

点亮此处，测量叠印色，后方为叠印百分比，以此评价叠印效果

图 1-29　爱色丽 eXact 叠印率测量

（8）印刷特性功能。

此功能绘制了一系列针对步进式光楔目标的色调值测量结果。此功能

可为从 0 到 100% 的每个 5%、10%、20% 或 25% 色调色块进行配置。测量某一颜色的一系列网点扩大，可设置不同的节点，按照仪器提示先测量纸白，再测量实地，最后测量相应设置的网点。爱色丽 eXact 印刷特性，测量界面（见图 1-30）。

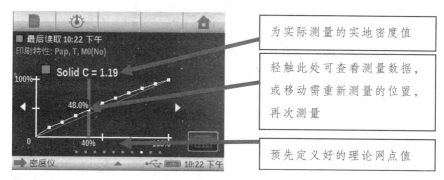

为实际测量的实地密度值

轻触此处可查看测量数据，或移动需重新测量的位置，再次测量

预先定义好的理论网点值

图 1-30　爱色丽 eXact 印刷特性

（9）印刷反差。

主要用于评价网点暗调部分的印刷效果，对比值是从阴影区域中实地油墨密度和屏幕油墨密度的测量值中计算出来的。此功能类似于网点功能测量，主要检测测量 75% 或 80% 暗调部分网点。

（10）色相差与灰度。

色块色相误差和灰度的测量结果（见图 1-31）。

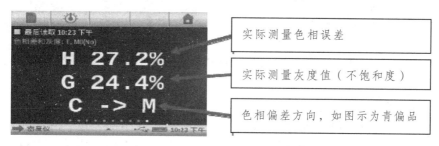

实际测量色相误差

实际测量灰度值（不饱和度）

色相偏差方向，如图示为青偏品

图 1-31　爱色丽 eXact 色相误差和灰度

（11）比色功能。

比色功能即色差功能，基于 CIE L*a*b* 色度系统下的色差计算公式，测量结果（见图 1-32）。

3. 测量过程

（1）清除样品表面上的灰尘、污垢或水分。

（2）选择工具和功能。

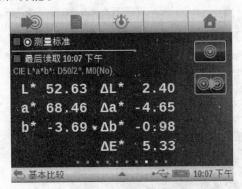

图 1-32　爱色丽 eXact 比色功能

（3）将目标窗口置于要测量的样品上方。

（4）将仪器用力按向目标基座，测量与选定的测量条件一起出现在显示屏上。

（5）保持不动直到显示"完成！"和测量数据，这表示测量成功（见图1-33）。

图 1-33　测量完成

（6）松开仪器并查看测量结果。

（7）测量注意事项：为了使仪器获得准确和一致的测量，基座底部必须与被测面保持水平。当测量曲面时，必须使用一个固定物来固定仪器，这个固定物应该使仪器基座与被测面准确相切。如果被测面小于基座，则应该制造一个平台与被测面等高来放置仪器。

三、分光光度计——爱色丽 I1 pro 的使用

分光光度计的使用需要借助专业软件，此处以 Profiler Maker 中的

Measure Tool 驱动分光光度计为例作具体介绍。

（1）将 I1 pro 的 USB 接口与装有 Profiler Maker 的电脑进行连接。

（2）打开 Measure Tool，首先在【配置】处选择测量工具，然后选择【测量】色标，并选择之前已打印输出的色表（此处以 ECI2002 CMYK I1 为例）（见图 1-34）。

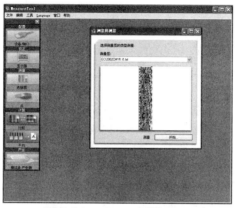

图 1-34　I1 pro 测量界面

（3）点击【开始】，会出现如图 1-35 所示的提示界面，此时确保色度仪放在标准白板上即可自动完成校正。

图 1-35　对 I1 pro 进行校正

（4）校正完成后会出现如图 1-36 所示的测量界面。

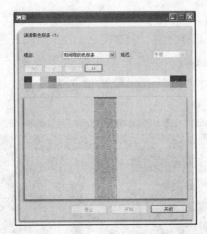

图 1-36　使用 I1 pro 进行测量

（5）对色表逐行进行测量，直到全部测量完成，即可将数据保存（见图 1-37）。

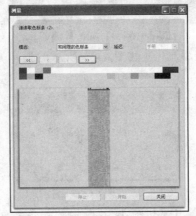

图 1-37　按照顺序完成色表的测量

【复习思考题】

1. 颜色的本质是什么？
2. 色彩形成的原理和要素是什么？
3. 印刷彩色的表达有哪些指标？
4. 什么是密度？
5. 说明密度仪的测量原理及使用方法。
6. 说明分光光度计的测量原理及使用方法。

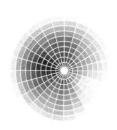

MO KUAI ER 模块二

印刷色彩管理

项目一 印刷色彩复制工艺流程

任务一 印刷色彩复制工艺流程

【知识目标】

（1）了解印刷工艺流程；

（2）掌握网点特性；

（3）掌握颜色复制原理。

【能力目标】

掌握印刷工艺流程及颜色复制原理。

印刷是一种对原稿图文信息的复制技术，它最大的特点是能够把原稿上的图文信息大量、经济地再现在各种各样的承印物上，其成品可以广泛的流传和永久的保存。

印刷工艺流程分为三个阶段。

印前：摄影、设计、排版、输出菲林、打样等。

印中：通过印刷机印刷出印刷品的过程。

印后：印刷后期的工作，包括覆膜、UV 上光、过油、烫金、击凸凹、装订、裁切等。

印刷品的制作，一般要经过原稿的选择或设计、印版制作、印刷、印后加工等四个工艺过程。也就是说，首先选择或设计适合印刷的原稿；其次对原稿的图文信息进行处理，制作印版；再次要把印版安装在印刷机上，利用输墨系统将油墨涂敷在印版表面，通过印刷压力等将油墨从印版转移到承印物上，然后经印后加工，得到印刷成品。现在，人们常常把原稿的设计、图文信息处理、制版统称为印前处理，而把印版上的油墨向承印物上转移的过程叫做印刷，所以说，一件印刷品的完成需要经过印前处理、印刷、印后加工等过程。

一、颜色复制原理

彩色印刷过程中，色彩的再现实质上是颜色的"分解"和"合成"的过程。任何一幅原稿，不管其画面上的颜色多么复杂、层次多么丰富，从颜色科学上来讲，画面上各点的颜色都是三原色光以一定比例组合的结果。颜色的分解就是利用 R、G、B 三滤色片将画面各点中的颜色从混合状态中分离出来，并形成各自在画面分布情况的单色影像。颜色的合成则是用分解得到的三种单色影像制成印版，再通过印刷分别把黄、品红、青三色油墨逐次叠印到承印物上，再现原稿上的彩色图像。在这两个过程中，自始至终都离不开光和色的作用。

在平版印刷中，为了再现原稿上的色彩，首先要利用照相分色或扫描仪分色的方法对彩色原稿上的色彩进行分解。原稿上的彩色图像经过 R、G、B 三滤色片，被分解成青、品红、黄三张分色阴图片。当白光照射到原稿上时，原稿上反射或透射的青光、品红光、蓝光、白光透过蓝滤色片，并使全色感光片感光，通过对感光片的冲洗加工，便得到一张黑白图像的阴图片，我们称这张阴图片为黄阴色片；同样，原稿上反射或透射的青光、黄光、绿光、白光透过绿滤色片，便得到一张黑白图像的阴图片，我们称这张阴图片为品红阴色片；原稿上反射或透射的黄光、品红光、红光、白光透过红滤色片，便得到一张黑白图像的阴图片，我们称这张阴图片为青阴色片。至于原稿上的黑色块，由于白光照射到其表面上时，黑色块把所有的光线都吸收了，没有光线反射或透射到感光片上，所以在 Y、M、C 三分色阴图片上没有形成阴影密度。这样，经过色分解，我们便得到黄、品红、青色料三原色的分色阴片了。

但在实际印刷中，由于黄、品红、青三色油墨叠加在一起时所表现出来的黑度不够，为了加强图像暗调部位的黑度，在印刷中增加了一块黑版来进行印刷，所以，在彩色印刷中并不是三色印刷，而是四色印刷。

l. 网　点

印刷通过网点把油墨按一定规律分布于纸上来呈现色彩。网点多的部分色彩较浓，网点少的地方色彩则较淡。网点是构成连续调图像的基本印刷单元，印刷品上由网点与空白部分的对比，从而达到再现连续调的效果。

网点是构成图文的最基本的单位，其作用主要有以下三点：

（1）在印刷效果上担负着色相、明度和饱和度的任务。

（2）图像传递的基本元素。

（3）在颜色合成中是图像颜色、层次和轮廓的组织者。

按照加网的方法，分为调幅网点（以点的大小来表现图像的层次，网点大小改变，频率不变）和调频网点（网点的大小不变，频率改变）。

调频加网的网点大小是相同的，用频率来表现图像；而调幅加网则是以不同的网点大小来表现图像。目前印刷比较成熟的加网方式是调幅加网。下面讲述影响调幅加网质量的三个因素：

（1）网点形状。

网点可以有不同的形状。网点形状指的是单个网点的几何形状，即网点的边缘形态。在传统的网点技术中，网点形状由相应的网屏结构决定。不同形状的网点除了具有各自的表现特征外，在图像复制过程中还有不同的变化规律，会产生不同的复制结果，并对复制结果的质量产生影响。

不同形状的网点，其图像阶调传递特性不同。实际制版和印刷过程中网点有机械扩大的趋势，试验表明这个趋势是随网点周长（或周长总和）的增加而增大的。网点面积率对周长变化的敏感程度与其周长成正比，周长（周长和）大的网点更容易扩大，图文复制出现失真的可能性也越大。

在选择网点形状对图像加网时，网点增大是首要考虑的因素，不同形状网点的变化趋势不同，从而导致了不同产品对网点的选择不同。

目前网点形状主要有正方形、圆形、（链形）菱形、椭圆形等。方形点在 50% 处搭接，圆形点约在 70% 处搭接，链形点约在 40% 和 60% 处搭接（造成密度跳升）。相比之下，链形网点的图像质量要好些，因为它的搭接部位避开了中间调，并且搭接分成了两次，减弱了密度跳升程度。正因为如此，如果图像反差小、柔和，如人物图像，可用链形网点；如果图像反差大，可用方形或圆形网点。

（2）加网线数。

加网线数是指沿着网线角度的方向，单位长度内包含的网点数，单位是"线/in"或"线/cm"，即 lpi(Lines per inch)或 lpcm(Lines per centimeter)。这里的"线"是指网点构成的线，即"网线"。lpi 是加网线数的单位，它表示每英寸内包含的网线行数。加网线数的选择主要取决于以下两个方面：

① 视距。

视距小要求加网线数高，书籍一般 150 lpi，不易观察到网点；巨型海报一般采取 30 lpi，网点粗糙。

② 加加网线数受印刷工艺的限制。

在印刷的过程中，网点的大小是由网线密度所控制，网线数越少越容易用肉眼看到印刷品的网点。在实际应用方面，则会依照纸张种类来选用印刷时的网线数。一般的定律是纸张表面越粗糙，印刷时使用的网线数就越低（网线就会越粗），否则会因为网线周密，导致油墨扩散黏糊而造成印刷品质不够清晰。

（3）网点角度。

网点与水平方向的夹角称之为网点角度。单色印刷时，其网线角度多是采用 45°，是因为 45°所印的网点在视觉上最为舒适，且不易察觉网点的存在。至于双色或双色以上的印刷，便要留意两个网的角度组合，否则会产生不必要的花纹，称之为"撞网"（Moier）。通常将网点角度差设置为 30°，从而避免撞网的可能。所以一般双色印刷，主色或深色用 45°，淡色者用 75°，三色则分别采用 45°、75°、15°等 3 个角度，而这些角度并无一定限制，根据具体情况具体安排。

在四色印刷中，如果网角设置的不正确或轻微有点错位，就容易出现龟纹。印刷的色数越多，情况就更加严重。

2. 专色印刷

包装产品或是书刊的封面通常由不同颜色的均匀色块或有规律的渐变色块和文字组成，这些色块和文字可以分色后采用四原色墨套印而成，也可以调配专色墨，然后在同一色块处只印某一种专色墨。在综合考虑提高印刷质量和节省套印次数的情况下，有时要选用专色印刷。

专色油墨是指一种预先混合好的特定彩色油墨，如荧光黄色、珍珠蓝色、金属金银色等，它不是靠 CMYK 四色混合出来的。专色油墨的特点如下：

（1）准确性。

每一种专色都有其本身固定的色相，所以它能够保证印刷中颜色的准确性，从而在很大程度上解决了颜色传递准确性的问题。

（2）实地性。

专色一般用实地色定义颜色，而不论这种颜色有多浅。当然，也可以给专色加网，以呈现专色的任意深浅色调。

（3）表现色域宽。

专色色库中的颜色色域很宽，超过了 RGB 颜色空间的表现色域，更大于 CMYK 颜色空间。相比较四色印刷，专色印刷优势分析如下：

（1）扩展了印刷色域，在印刷品上能印出一些 CMYK 四色印刷油墨色域以外的可见光颜色。CMYK 四色印刷油墨的色域与可见光色域相比有明显不足，而专色油墨的色域则比 CMYK 四色印刷油墨色域宽，故可以表现 CMYK 四色油墨以外的许多颜色。

（2）弥补印刷技术的不足，提高印品质量。由于印刷整体流程中各个工序的误差，如作业环境、人为疏漏与机械性磨损等问题，造成在印制小网点时，很难得到平整均匀的网点色彩，这时候我们可以用同样颜色的专色实地取代小网点做印刷，这样就能较容易地得到平整的大面积色块。

二、印刷色彩复制工艺流程

1. 平版印刷

平版印刷印版上的图文部分与非图文部分几乎处于同一个平面上，印刷时，首先由供水装置向印版的非图文部分供水，保护印版的非图文部分不受油墨的浸湿。其次由印刷部件的供墨装置向印版供墨，由于印版的非图文部分受到水的保护，因此，油墨只能供到印版的图文部分。再次是将印版上的油墨转移到橡皮布上，再利用橡皮滚筒与压印滚筒之间的压力，将橡皮布上的油墨转移到承印物上，完成一次印刷。图 2-1 为胶印原理图。所以，平版印刷是一种间接的印刷方式。

平版印刷的特点。①优点：制版工作简便，成本低廉；套色装版准确，印刷版复制容易；颜色柔和；可以承印大数量印刷。②缺点：因印刷时水的影响，色调再现力减低，鲜艳度缺乏。

平版印刷产品的优点是层次丰富，阶调柔和，缺点是颜色不够鲜艳，因为印刷过程中有水的参与。平版印刷的产品有画册、海报、DM 单等。

2. 凸版印刷

作为最古老的印刷方式，凸版印刷目前主要应用在烫金、烫银和压凸凹等包装装潢方面。凸版印刷印版的图文部分凸起并处于同一平面上，非图文部分也处于同一平面上，印刷时油墨只会转移到凸起的图文部分，再通过压力将图文部分油墨转移到承印物上。图 2-2 为凸版印刷原理图。

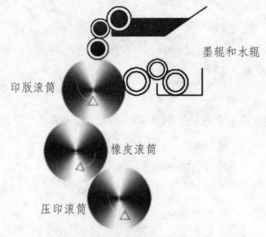

图 2-1　胶版印刷原理图

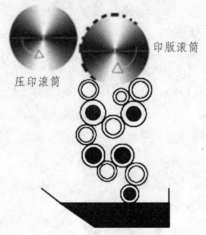

图 2-2　凸版印刷原理图

凸版印刷品的纸背有轻微印痕凸起，凸起的印纹边缘受压较重，因而有轻微的印痕凸起。墨色较浓厚（墨层厚度约为 7 μm）。可接受较粗糙的承印物，色调再现性一般。应用范围通常包括商标、包装装潢等的印刷。

柔性版印刷源自英文 Flexographic，也称柔版印刷或者柔印。柔性版印刷特指使用柔性感光树脂版进行印刷的印刷方式。严格地讲，柔性版印刷其实是凸版印刷的一个分支。柔性版印刷主要用于瓦楞纸印刷、标签印刷和食品包装等，其最大的优势是绿色环保。

3. 凹版印刷

凹版印刷的印版，图文部分低于空白部分，所有的空白部分都在一个平面上，而图文部分的凹陷程度可以随着图像明暗不同而变化。原稿上颜色暗的部分，印版上的对应部位下凹深。印刷时，印版滚筒的整个印版都涂满油墨，然后用刮墨装置刮去凸起的空白部分上的油墨，再借助压力，使图文部分的油墨转移至承印物上，从而获得印刷品。图 2-3 为凹版印刷原理图。

凹版印刷由于图文部分下凹，其墨层比平版印刷厚实。由于印版上图文部分下凹的深浅随原稿色彩浓淡不同而变化，凹版印刷是常规印刷中唯一可用油墨层厚薄表示色彩浓淡的印刷方式。凹印图像色彩丰富、色调浓厚，适合做精美高档画册。凹版的承印物材料非常广泛，可以印刷玻璃纸、塑料等非纸基印刷物，但凹版制版困难、制版周期长，成本也较高。

凹版印刷既可以利用墨层厚度，又可以利用网点面积率来再现颜色深浅。凹版印刷颜色鲜艳，印版耐印率高，但不环保。凹版印刷的产品主要有高档画册、邮票、软包装、有价证券等。

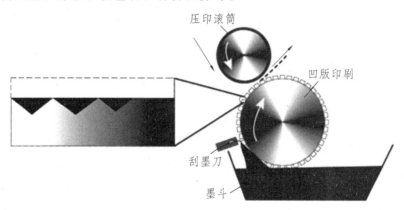

图 2-3　凹版印刷原理图

4. 丝网印刷

丝网印刷的原理是在刮板的作用下，油墨从丝网框中漏至印刷承印物上，形成图文部分，由于印版非图文部分的丝网网孔堵塞，油墨无法漏至承印物上，从而完成印刷。

丝网印刷，可以采用手工或机械的方式进行，丝网印刷的工艺流程为：印版制作—刮墨板调整—印刷—印品干燥。图 2-4 为丝网印刷原理图。

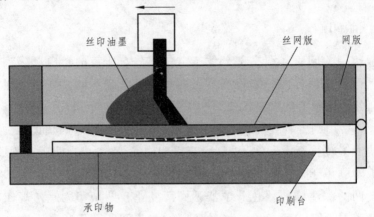

图 2-4　丝网印刷原理图

丝网印刷的特点：① 丝网印刷可以使用多种类型的油墨（油性、水性等）。② 版面柔软。丝网印刷版面柔软且具有一定的弹性，不仅适合于在纸张和布料等软质物品上印刷，而且也适合于在玻璃、陶瓷等硬质物品上印刷。③ 轻压印刷。印刷时所用的压力小，所以也适于在易破碎物体（如玻璃）上印刷。④ 墨层厚实，覆盖力强。⑤ 不受承印物表面形状的限制及面积大小的限制。丝网印刷不仅可以在平面上印刷，还可以在曲面或球面上印刷，它既适合在小物体上印刷，也适合在较大物体上印刷，有很大的灵活性和广泛的适用性。

5. 数字印刷

数字印刷系统主要由印前系统和数字印刷机组成，有些还配有装订和裁切设备。数字印刷具有以下几个典型特征：① 数字印刷过程是直接把数字文件、页面转换成印刷品的过程；② 数字印刷最终影像的形成过程不需要任何中介的模拟过程或载体的介入；③ 数字印刷的信息是 100% 的可变信息，即前后输出的两张印刷品可以完全不同，可以有不同的版本、内容、尺寸等。按需性、及时性、可变性是数字印刷的三大特征。

目前数字印刷机分为两大阵营：在机成像印刷和可变数据印刷两种。

在机成像印刷是指将制版的过程直接拿到印刷机上完成，省略了中间的拼版、出片、晒版、装版等步骤，从计算机到印刷机是一个直接的过程；可变数据印刷指在印刷机不停机的情况下，连续地印刷需要改变图文的印品，即在印刷过程不间断的前提下，连续地印刷出不同的图文。

具体来说，可变数据印刷根据成像原理不同又可以分为以下两大类：

（1）电子照相。又称静电成像技术，利用激光扫描的方法在光导体上形成静电潜影，再利用带电色粉与静电潜影之间的电荷作用力实现潜影，作用力将色粉影像转移到承印物上完成印刷，是目前应用最广泛的数字印刷技术。

（2）喷墨印刷。将油墨以一定的速度从微细的喷嘴射到承印物上，然后通过油墨与承印物的相互作用实现油墨影像再现。按照喷墨的形式可分为：按需喷墨和连续喷墨两种。

① 连续喷墨（continuous inkjet）：连续喷墨系统利用压力使墨通过窄孔形成连续墨流。产生的高速使墨流变成小液滴。小液滴的尺寸和频率取决于液体油墨的表面张力、所加压力和窄孔的直径。在墨滴通过窄孔时，使其带上一定的电荷，以便控制墨滴的落点。带电的墨滴通过一套电荷板使墨滴排斥或偏移到承印物表面需要的位置。而墨滴偏移量和承印物表面的墨点位置由墨滴离开窄孔时的带电量决定。

② 按需喷墨（drop-on-demand）：按需喷墨与连续喷墨的不同就在于作用于储墨盒的压力不是连续的，只是当有墨滴需要时才会有压力作用，受成像计算机的数字电信号所控制。由于没有墨滴的偏移，墨槽和循环系统就可以省去，简化了打印机的设计和结构。通过加热或压电晶体把数字信号转成瞬时的压力。利用压电效应，当压电晶体受到微小电子脉冲作用时会立即膨胀，使与之相连的储墨盒受压产生墨滴。

6. 传统印刷与数字印刷

数码印刷与传统印刷有着各自不同的成像技术和转移工艺，但是它们最终的目标都是产生符合视觉和使用要求的印刷品，均包含印前、印刷和印后加工三大工艺流程，其本质区别在于是否使用印版。

（1）传统胶印需将印前图文先输出胶片，再晒版、打样、印刷。若需要改版，还需要重新输出胶片再拼版，这不仅是时间上的浪费，也浪费了大量材料。而数字印刷是全数字化的，是从计算机直接到印刷品的全数字化生产流程，工序中不需要胶片和印版，无传统印刷工艺的烦琐工序，没有换版时间，减少了停车时间，干燥时间也几乎为零，印刷后可以马上进行印后加工。

（2）数字印刷相对要简单，劳动量少。尤其是从一个作业转换到另一个作业，只需要将相应的电子文件拿来印刷即可，不像传统胶印那样需要换印版，擦橡皮布等。数字印刷的操作更容易学会，很多东西也都是由数字来控制，对操作人员的经验要求相对较低，不像传统胶印，要很长时间才能培养出一个操作人员。

（3）数码印刷在环保上要好于传统印刷。它主要是通过色粉和气泡进行直接成像，极大地改善了工作环境，大大地缩短了印刷周期，减少了人工操作，降低了印刷材料的消耗，提高了产品质量，增加了自动化工作的程度。由于数字化工作流程中无需胶片，甚至无需印版、润版液及显影液，所以很大程度上避免了在图文转移时溶剂的挥发，有效地降低了对环境的危害程度。

（4）就印刷质量而言，数字印刷从总体上来说不如传统印刷，精度不够高。一些具有细线条的防伪底纹用数字印刷机来印刷往往会糊掉，它的层次也不够丰富，高调部分的网点容易丢失，所以对高调肤色的再现很难，往往出现很硬的过渡，尤其是人像的面部非常难看。对于平网的印刷，尤其是两个颜色以上的平网，印出来的颜色容易不均匀，易出现一条条横向或纵向的或深或浅的色杠。但是对于印风景画等美术作品，尤其是有质感的油画时，数字印刷的效果非常理想，会比传统印刷更能体现其较粗的质感。

（5）数字印刷可以根据选择的印后装订方式自动拼版，逐本印刷出来。无须配页，省时又省力，而且印刷后马上可以进行印后加工。

（6）数字印刷可以称为"一张起印"，无须像传统印刷那样要消耗版材及大量的过版纸。但是由于它们单张成本是固定的，当印量较大失去了起印的优势时，它的成本就会高于传统印刷，所以适合短版印刷。

（7）数字印刷是可变信息印刷，数字印刷品的内容是随时可以变化的，即前、后两页内容可以完全不一样，此外，可以实现异地印刷，可以通过互联网进行远距离印刷，因而在个性化按需印刷市场上有独特的优势。

（8）数字印刷可以适合多种承印材料，即可以是纸张，也可以是胶片等。数字印刷对纸张平整度的要求很高，一旦纸张不平整，印品上就会反映出来。

三、影响颜色复制的因素

颜色复制是从原稿图像颜色演变为印刷品图像颜色的全过程。在颜色复制过程中，影响图像颜色复制的因素很多，如印刷色序和叠印、印刷压力、油墨温度和黏度、油墨色相和实地密度等。

（1）印刷色序和叠印。

彩色印刷中，油墨叠印不良会产生色偏、混色和层次紊乱。印刷色序对叠印色效果影响很大。多色印刷时，各色油墨印刷间隔时间短，后印油墨叠印在先印的湿油墨表面，属于"湿压湿"的印刷状态。在此过程中，叠印色中第一次印刷的油墨必须比印在湿墨层表面的油墨黏性大。

（2）印刷压力。

由于印刷压力的存在，在印刷中总会发生网点增大的问题，但增大量超过一定范围时，会产生一些质量问题。这种网点增大会降低图像的反差，并使整个图像变深，暗调网点糊死，使复制颜色急剧变化，当印刷中各色图像网点同时增大时，图像整体变深。当其中只有某一色网点增大时，复制图像将产生偏色，如品红版网点面积率在中间调发生增大，50%的网点变成60%时，就会产生明显的色彩变化，中性灰色偏红。印刷压力的微小变化会使整个印刷图像产生明显变化。

（3）墨辊温度。

油墨在串墨辊之间传递和被打匀的过程中，受到挤压、剪切而分离。辊子为了克服油墨的内摩擦力而做功，使墨辊表面温度升高，被传递的油墨黏度随之下降。油墨变稀后，辊子表面载墨量减少，传递到纸张表面的墨量减少，使印刷图像阶调和色调发生变化，并破坏了颜色复制的一致性。有研究表明：印刷机开机印刷后，印刷图像产生色彩偏差时，60%的情况是由墨辊温度变化引起的。

（4）油墨色相和实地密度。

颜色复制中使用的油墨都存在不同程度的色偏，使印刷图像产生偏色，应尽可能采用色偏少的油墨进行彩色印刷。印刷油墨实地密度大小决定印刷图像阶调和色调再现范围。实地密度越高，阶调和色调再现范围越宽；

实地密度变小，图像色彩饱和度降低，叠印色彩变弱。

　　色彩是光刺激人眼的视觉特性。因此，对色彩进行定量的描述和控制是一个重要而艰巨的工作。就彩色复制技术而言，色彩管理是在整个图像复制工艺流程中，对色彩信息进行正确解释和处理的应用技术。

项目二　印刷色彩管理简介

任务一　认知色彩管理

【知识目标】

（1）了解色彩管理；

（2）掌握色彩管理的必要性。

【能力目标】

掌握色彩管理产生的原因和色彩管理的必要性。

对于印刷、包装企业而言，色彩管理通常使很多不了解它的用户望而生畏。一旦明白了色彩管理系统真正做了什么，就会很容易看懂那些不知所云的界面和繁琐的步骤，并且会理解应用软件（如 il Profiler 等）里弹出的那些令人心烦的对话框的真正含义。

一、色　域

所谓"色域"，就是一种设备能够记录或复制色彩的最大范围。人眼的色域为全部的可见光，在 380～780 nm 这个波长内。印刷的色域则由纸张和油墨等因素决定。屏幕、扫描仪、打印机等各有各的色域。

掌握设备的色域是有实际意义的，因为设备无法记录或复制其色域以外的颜色。例如，正常情况下，人眼无法见到在红外线下的色彩，而一些人眼很容易辨别的色彩，像各种"金属色"，在扫描仪上却不容易被记录。我们能做到的是由一种设备的色域模拟另一种设备的色域。如何在模拟过程中，使人眼觉得两种设备的色域较相近，这便是色彩管理产生的重要原因。

我们在 RGB、CMYK 和 Lab 中编辑图像，其本质的不同是在不同的色域空间中工作。自然界中可见光谱的颜色组成了最大的色域空间，该色域空间中包含了人眼所能见到的所有颜色。在色彩模式中，Lab 色域空间最大，其次是 RGB，最后是 CMYK。

二、色彩管理的产生

当我们在某一台特定的设备上再现颜色时，这个系统可能会工作得很好。不幸的是，当我们把这些相同的 RGB 和 CMYK 数值送到不同的设备上时，通常会产生不一致的颜色。

如果你逛过家电市场，不难发现下面的现象：不同品牌、型号的电视机显示屏幕，虽然它们收到的是同一个信号，但却产生了不同的颜色。

同样的情况也会发生在其他 RGB 和 CMYK 设备上。不同品牌的扫描仪和数码相机使用不同的滤色片，这些滤色片的色彩过滤能力会随着使用时间增加而改变；每一种设备所用光源不同，不同扫描仪光源的光谱功率分布不同，数码相机在拍摄时周围环境的光源也是千变万化的。CMYK 同 RGB 比起来，可变因素更多。除了不同设备对颜色的影响，不同的油墨、上光蜡、染料等都会造成颜色的不同；纸张也是一个很大的可变因素，纸张的不同对油墨呈色有很大影响。

因此，我们可以很确定地说，R255、G255、B70 将会产生一种黄色，但是这种黄色在不同的设备（不同的扫描仪等）上产生的颜色是不同的。

RGB 和 CMYK 通常被称作设备特定或设备相关颜色空间，因为只有给出了具体的设备才能够预知颜色产生的效果。这句话有两个含义：

① 相同的数值在不同的设备上会产生不同的颜色，要想在不同的设备上得到一致的颜色必须要改变数值。这是色彩管理要解决的最基本的问题。

② 要想在不同的设备上得到一致的颜色，就必须要改变数值。当我们将图像文件从一个设备输送到另一个设备上时，颜色发生了改变，所以我们在扫描仪上看到的颜色和显示器上的颜色不一致，打印输出的颜色也跟显示器上的颜色不匹配（见图 2-5）。

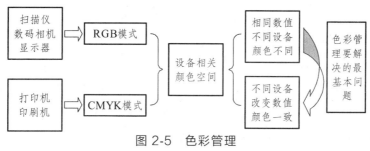

图 2-5　色彩管理

三、色彩管理的必要性

随着数字化技术的不断发展，高分辨率扫描仪、数字照相机的应用已经日益普遍。数字印前工艺不断改变着传统印前工艺流程，诸如彩色桌面出版系统、计算机直接制版系统、数字打样、数字印刷等，从图像的输入设备、处理设备到最后的输出设备都日趋数字多样化。

由于整个彩色印刷复制系统是一个开放性系统，不同设备之间使用的色空间不同，原稿色彩往往要在不同设备的色空间之间转换，为了使原稿从输入到输出，保持色彩的一致性，必须引入色彩管理。

数字化印前图文信息处理系统是开放型的，各种品牌、类型的设备呈色特征的多样性增加了颜色准确再现的难度。图文信息在这些设备间传递的过程中，难免会产生信息损失，使复制得到的图像与原稿无论在色彩、层次及饱和度方面均相去甚远，严重的甚至使整幅图像面目全非。

要正确而完善的复制原稿，必须有一种对色彩转换和传递进行控制的机制，这就是色彩管理。这也是为什么越来越多的企业开始使用色彩管理系统的原因。

四、如何理解色彩管理

一个独立的特性文件使 RGB 或 CMYK 数据具有了明确的颜色，要想保持颜色一致就需要改变图像文件中的数据，而这需要两个特性文件，以下简称 Profile 文件。

需要一个 Profile 文件来描述颜色，需要两个 Profile 来在两个设备间匹配颜色。所以在文件中嵌入一个特性文件是一个很好的习惯，特别是需要将这个文件送到其他人那里或者是想长时间地保留时。将特性文件嵌入到图像文件中时，你就给这个文件贴上了一个标签，描述了这个色彩数据在现实中的颜色是什么，并且不会改变数据本身，同时这也打消了很多人的顾虑，可以放心地将正确的特性文件嵌入到文件中，因为这不会破坏文件中的 RGB 或 CMYK 数据。当要求色彩管理系统 CMS 在另一个设备上对颜色进行匹配时，则需要指定两个特性文件，一个说明这些数值是从哪里来的，另一个说明它们要到哪里去。

　　关于色彩管理还有很多的分支课题，比如关于转换意图的选择，但是只要心里明白了这个简单的规则，需要一个 Profile 来描述颜色、两个 Profile 来在两个设备间匹配颜色，就会发现色彩管理增加了对色彩的理解，节省了的时间，提高了效率。

项目三 印刷色彩管理工作流程

任务一 色彩管理技术的工作原理

【知识目标】

（1）理解色彩管理的基本思路；

（2）理解色彩管理系统。

【能力目标】

掌握色彩管理技术的工作原理。

一、色彩管理的基本思路

首先，选择一个与设备无关的参考空间；其次，对整个印刷系统的各个设备进行特征化描述；再次，将各个设备的色空间与标准的、与设备无关的色空间建立确定的对应关系。

（1）参考颜色空间。

CIEXYZ 和 Lab 的值定义的颜色是明确的，只要知道了数值，就知道了确切的颜色；而不是像 RGB、CMYK 这些设备相关的色空间，虽然知道了数值，但如果不指明具体设备，还是不能预知确切的颜色。

（2）设备特性文件（一般为 ICC Profile）。

可以将设备的特性文件看成是一个色彩的双语字典：一种语言是在 XYZ 或者 Lab 中实际感觉到的色彩，另一种语言是与设备相关的 RGB 或 CMYK 的数值。

对于 ICC Profile 可以这样理解，一方面它描述了输入或输出设备的呈色特性，另一方面它提供了不同的设备间颜色匹配所需的数据。

（3）确定对立关系。

设备的特性文件将与设备的控制信号（RGB 或 CMYK 值）和明确的 Lab 或 XYZ 值联系起来，即与明确的颜色联系起来。

二、色彩管理系统

色彩管理系统（Color Management System，CMS）的基本结构是以操作系统为中心，CIE Lab 为参考色彩空间，ICC 特征文件记录仪器输入或输出色彩的特征，应用软件及第三者色彩管理软件为使用者的色彩控制界面（见图 2-6）。

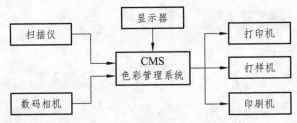

图 2-6　色彩管理系统

色彩管理系统可对扫描仪、数码相机、显示器、打印机、印刷机等进行统一的色彩管理，这样也就实现了整个印刷工艺从扫描、制作、输出、打样到印刷的全过程的颜色控制，使颜色在输入、处理、输出过程中尽量保持一致。

常见的色彩管理系统，首先是电脑操作系统中的色彩管理，如 Windows 中的 ICM、MAC 中的 ColorSync 等；其次是安装在操作系统中的色彩管理软件，如柯达公司的 KPCMS、爱克发的 ColorTune、Adobe 的 Photoshop 等。

三、色彩管理工作流程

色彩管理的工作流程：校准设备（calibration）；特征化（characterisation）；色彩转换（conversion）。

（1）校准设备。

为了确保颜色信息在各种硬件传递过程中的可靠性，需要对色彩流程中的输入设备、显示设备、输出设备进行校准，使它们处于最佳工作状态。对于输入、显示和输出设备，它们的校准方式不尽相同，输入设备校准就是对输入设备的亮度、对比度、黑白场进行校准。显示设备校准是使显示设备的显示特性符合设备描述文件中设置的理想参数值，使显卡依据图像数据的色彩资料，在显示屏上准确显示色彩，可以通过系统自带的软件或者其他软件制造商提供的软件进行调节。输出设备校准指的是对打样机和印刷机进行校准，根据设备制造商提供的设备描述文件，对输出设备的特性进行校准，使该设备按照出厂时的标准特性输出。在对打样和印刷设备进行校准时，必须使用符合标准的纸张、油墨等。

（2）特征化。

特征化的目的是确定设备色彩表现范围，并以数学方式记录其颜色表现能力，以便进行色彩转换。对于输入设备和显示设备，利用一个已知的标准色度值表（如 IT8 标准色标），对照标准色标的色度值和输入设备所产生的色度值，得出该设备的色度特征曲线，再对照与设备无关的色空间，生成输入设备的色彩描述文件；这些描述文件是从设备色空间向标准设备无关色空间进行转换的桥梁。

（3）色彩转换。

色彩转换指设备与设备之间的色彩转换。每个设备的色域各不相同。彩色显示器是 RGB 模式，而彩色印刷是 CMYK 模式；而且不同品牌（甚至相同品牌）的彩色显示器的色域未必一样；同样，不同油墨制造商的油墨色域亦可能不相同。色彩管理中的色彩转换不是提供完全相同的颜色，而是使设备达到最理想的颜色，同时让使用者能知道所得到的颜色。

任务二　设备特征文件

【知识目标】

（1）理解 ICC profile；
（2）了解色标。

【能力目标】

掌握 ICC profile（设备特征文件）的内涵以及常见色标。

一、ICC 简介

在印刷工作流程中，涉及许多图像设备，比如数码相机、扫描仪、打印机、数码打样机、印刷机和显示器等，但是对于其中的每一种设备，都有不同的色彩表现能力。例如，一个显示器中一个数值为 R128，G128，B128 的像素点，应该产生一个完全的中性灰色调，但是在一些显示设备上，这个灰看起来偏暖，也就是发红，在另外一些显示设备上，这个灰看起来偏冷，也就是发蓝。设备的这些固有特性使一幅图像从一个设备传到另一个设备上的时候，图像色彩的一致性、准确性和可预见性都很难保证。

国际色彩联盟（ICC）的成立就是为了解决这个问题。在 1993 年由苹果电脑和其他 7 家公司创立了 ICC，现在 ICC 有超过 70 家设备制造商和软件开发商成员，包括 SONY，HP，Creo，Adobe 和 Quark 等。其作用就是创建色彩管理的标准和核心文件的标准格式。努力开发的核心就是 ICC Profile（ICC 色彩特性文件）和色彩管理模块（CMM）。这两者保证了色彩在不同应用程序、不同电脑平台、不同图像设备之间传递的一致性。

二、ICC profile

色彩管理的基础就是 ICC Profile，它是一种跨平台的文件格式，它定义了颜色在不同设备或不同色彩空间上进行匹配所需的色彩数据。每一个 ICC Profile 文件至少包含以下一对核心数据：

设备相关的色彩数据（例如该设备独有的 RGB 色彩显示数据）。

根据设备相关的数据而得到的与设备无关的色彩数据（例如 Lab 数据）。与设备无关的色彩数据，也被称为 Profile 联接空间（PCS）。

一些设备的 Profile 文件，如扫描仪的 Profile，只有一个设备到 PCS 的色彩数据转换表，因为对于扫描仪来说，只是通过它产生颜色并输出到其他设备中。而对于另外一些设备，比如印刷机的 Profile，就需要包括一个设备到 PCS 的色彩数据转换表和 PCS 到印刷机的色彩数据转换表。

通常我们所说的设备特征文件就是指 ICC Profile。

一个设备的 ICC Profile 就是这个设备的色彩特性文件，是这个设备的色彩描述与标准色彩空间色彩描述方式的一种对应关系，不同的设备之间对于色彩的描述通过标准颜色空间和这些设备的 ICC Profile 联系起来。

但是仅仅这样，还不能将一个设备的色彩完全和另一个设备的色彩对应起来，因为这两个设备各自的所有颜色在标准颜色空间上的投影范围不同，这个投影范围，我们叫色域。为了保证原稿的质量，我们要用印刷品的色域完全覆盖原稿的色域。印刷品的色域比原稿的色域多出的部分比较好办，切掉就可以了；但是印刷品的色域比原稿的色域少的部分的处理就是色彩管理需要解决的问题。

实际中常用的 ICC Profile 制作软件主要有以下两种：

1. Profile maker 5.0

Profile maker 软件组有四个基本软件模块，分别是生成 ICC 文件的 Profile maker、观察编辑修改 ICC 文件的 ProfileEditor、测量和计算平均 ICC 的 Measure Tool、查看各种实际颜色的 ColorPicker。

Profile maker 5.0 软件，根据对工作流程中不同颜色设备所产生的颜色信息的处理能力而分成几个独立的模块，Monitor（显示器模块）、Scanner（扫描仪模块）、Digital Camera（数码相机模块）、Output（输出设备模块）、MultiColor Output（多色输出设备模块）。用户可以根据自己的需要选择对应的模块。

2. 爱色丽 i1 Profiler

爱色丽 i1 Profiler 软件可更方便、快捷地创建输出设备特性文件。拥有可靠的智能迭算技术，可显著提高用户打印机色彩复制能力，优化图片、专色色彩混合型特性文件，大幅度提高图片品质与色彩精度。

i1 Profiler 在某些功能上比 PM5 强大不少，比如显示器的校正，i1 Profiler 可以自动调整显示器的对比度、白点等，最终实现的效果也非常理想。但是 PM5 中原有的一些功能至今还没有在 i1 Profiler 中找到，比如 Color Picker 中测试印刷品 Lab 值和密度的功能，Profile Editor 中观察 ICC 文件全色域试图的功能等。

三、色　标

1. 色标概述

色标包括输入设备扫描仪所用色标、显示器所用色标和输出设备所用色标三大类。一般是用来测量如网点扩大、密度、重影、双影、反差和套印等印刷品性质的检测用的条状样品。色标也常被称为色彩向导或色彩控制条，它从广义上定义了色标在从制版到印刷整个生产工艺中对色彩进行测量和控制的性能。通常购买专业输入、输出设备或色彩管理软件时都附带有特性文件生成软件和专用的色标。

色标的"代表性"作用：人的眼睛可感觉到 1 000 000 种颜色，但对大多数观察者来说只能分辨其中大约 20 000 种的颜色。印刷原色（青、品红、黄、黑）大约可复制 4 000 种颜色。虽然采用密度计或色度计完全可以测量这 4 000 种颜色，但测量过程繁琐，而且成本也较高。有了色标，操作人员就可以只测量色标上一些有代表性的样点，如油墨的实地密度、套印密度等，根据这些数据，操作者便可较好地理解印刷过程中可能出现的颜色复制问题。

2. 色标在制作特征文件中的作用

色标在色彩管理中起着举足轻重的作用，尤其是在特性文件的制作方面。彩色图像色彩准确还原的基础是有效的色彩管理，而色彩管理最核心的部分就是准确制作彩色特性描述文件，以便正确描述输入、输出设备颜色特性，实现色彩空间的有效转换，而其基础工作就是输入准确的色标颜色值。因此，色标是进行色彩管理的基础和前提。

所有特征化软件的工作原理都是将测量数据与标准数据进行对比。对于制作输出设备特性文件，方法也是比较已知的 RGB 或 CMYK 值（即构成特征化色标各色块的值）与印刷色标上测量得到的 Lab 值。

3. 常见色标

（1）Color Checker 24。

Color Checker 24 是由 24 块经色彩科学实验研究出来的色块组合而成。这些色块代表了自然界物体特别重要的颜色，例如肤色、树叶的绿色、天空的蓝色等。

主要应用于：影像行业，检测菲林、光线、滤色片和纸张等；平面设计行业，检测任何印刷和打样程序；电子出版行业，检测扫描仪、显示器和打样设备；电视广播行业，检测照相机、显示器、灯光和菲林。在色彩管理中，它通常用来制作数码相机的特征文件。

（2）IT8.7/3。

IT8.7/3 是专为打印机（Printer）或是色彩输出设备所准备的工业标准。整张 IT8.7/3 是一份由计算机产生的文件，主要分为三个色组（A、B、C）及基本色彩块。

IT8.7/3 色标一般用于输出设备，IT8.7/3 色标是为 CMYK 输出设备制作特性文件用的标准色标。测量 IT8.7/3 上的四大区色块，再用 ICC Profile 生成软件，计算每个颜色的比较值，就可以换算打印机的 Color Space，并以此建立 ICC Profile。

（3）ECI 2002。

ECI 2002 是由 European Color Initiative 开发的一套用来描述四色印刷特征输入数据的标准色标，虽然 ISO12642-1：1996 对这种色标已经有所描述，但是对于很多应用来说，ISO12642-1：1996 所包含的色块还远远不够，所以 ECI 2002 是基于 ISO12642-1：1996 的基础上扩展完善出来的。

ECI 2002 主要有两种版式：视觉版式和随机版式。视觉版式主要应用于视觉检查或手动测量的场合，色块尺寸不能小于 6 mm，否则会不易于颜色测量。由于视觉版式相邻色块间的色差很小，容易造成测量仪器无法识别，测量误差会大大增加。随机版式的推出，主要是为了降低色块间的相互影响，但是色块也不是完全随机排列的，每 5 行或列具有相同的油墨覆盖率，如果按 6 mm 的色块尺寸来算，5 行基本上是胶印机一个墨区的宽度。这两种版式只是为了方便输出或测量，并没有特别规定一定要按照这两种版式排布，可以根据个人需要自行设计这 1 485 个色块的分布。

任务三　色彩转换方式

【知识目标】

（1）掌握四种转换方式的原理；

（2）掌握四种转换方式的差异和应用。

【能力目标】

掌握 ICC 标准下的色彩转换方式，理解色彩管理系统的工作原理与色彩转换的原理。

为了保证原稿的质量，我们要用印刷品的色域完全覆盖原稿的色域。印刷品的色域比原稿的色域多出的部分比较好办，切掉就可以了；但是印刷品的色域比原稿的色域少的部分的处理就是色彩管理需要解决的问题。一般有以下四种转换方式：可感知的、相对色度、饱和度、绝对色度（在 Photoshop 颜色管理面板和转换为配置文件面板中都能找到）。

（1）可感知的（perceptual rendering intent）。

这是最常用的一种转换方式。这种方法是在保持所有颜色相互关系不变的基础上，改变源设备色空间中所有的颜色，但使所有颜色在整体感觉上保持不变。

这是因为我们的眼睛对颜色之间的相互关系更加敏感，而对于颜色的绝对值感觉并不太敏感。比较适合大的 RGB 色域的向较小的 CMYK 色域转换使用。

可以叫作整体压缩。其优点是能保持图像上所有颜色之间的对比关系，缺点是图像上每个颜色都会发生变化，经常可以看到图像整体变浅。

（2）饱和度（saturation rendering intent）。

这种方法试图保持颜色的鲜艳度，却忽略了颜色的准确性。它是把源设备色空间中最饱和的颜色映射到目标设备中最饱和的颜色。这种方法适合于各种图表和其他商业图形的复制，或适合制作用彩色标记高度或深度的地图以及卡通、漫画等。

（3）相对色度（media-relative colorimetric rendering intent）。

相对色度是要准确复制出色域内的所有颜色，而裁剪掉色域外的颜色，并将被裁剪掉的颜色转换成与它们最接近的可再现颜色。相对色度再现意图对于图像复制来说，比感知再现意图更好，因为它保留了更多原来的颜色。相对色度适合色域差别不太大的 ICC 之间的转换，如：日本印前 CMYK 的 ICC 转换成美国的 ICC。

相对色度原则是尽量符合原始。其优点是多数颜色不变，缺点则是个别超出色域的颜色变化很大。

（4）绝对色度（ICC-absolute colorimetric rendering intent）。

绝对色度把源设备色空间的白点映射为目标设备色空间的白点。要是源设备色空间的白色偏蓝，而目标设备色空间的白纸微微泛黄，在使用绝对色度再现意图时，就会在输出的白色区域上增加一些青墨来模拟原始的白色。绝对色度再现意图主要是为打样而设计的，目的是要在另外的打样设备上模拟出最终输出设备的复制效果。

绝对色度原则是模拟纸白，白色变化很大。不适合一般常规转换，只是在很少的情况下使用，可以不用去掌握。

不同 ICC 之间的转换，都必须遵照这四种转换方式。同时，我们在转换图像的 ICC 文件时，最好分别参看不同转换方式给图像带来的变化，从中选择最适合现有图像的转换方式。

任务四　色彩转换实训

1. 实训目的

掌握图像处理软件 Photoshop 中的色彩转换方法，理解不同的色彩转换方式对彩色图像复制的影响。

2. 实训内容

本实训通过图像处理软件 Photoshop 中的不同设置，完成 RGB 模式的彩色图像以不同方式转换为 CMYK 模式的彩色图像，观察与记录图像变化后的效果。

3. 实训步骤

（1）使用标准的 RGB 图像，首先确定其使用 SRGB 的色彩空间。

（2）使用四种转换方式对标准图像进行图像模式转换；使用转换为配置文件的工作方式，配置文件选择 Japan color 2001 coated，改变转换方式，使用预览功能，分别记录图像上的色块区，分析图像转换后的结果，记录色块在转换前后的 Lab 值。

（3）计算出转换前后的色差值。

【复习思考题】

1. 色彩管理的目的是什么？

2. 色彩管理中四种色彩转换方式是什么？工作原理是什么？

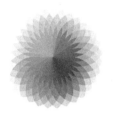

MO KUAI SAN 模块三
印刷设备的色彩管理

项目一　数码相机的色彩管理

任务一　数码相机的校正

【知识目标】

（1）了解数码相机的工作原理；

（2）掌握色彩数码相机的校正。

【能力目标】

掌握数码相机的校正方法，理解校正原理。

数码相机（Digital Camera，DC），是利用电子传感器把光学影像转换成电子数据的照相机。按用途分为：单反相机、微单相机、卡片相机、长焦相机和家用相机等。

数码相机的工作原理是：首先通过镜头接收光线，其次被称为CCD（电耦合元件）的摄影元件（或者CMOS传感器）将所接收的光信号转换成电信号，再次将电信号作为数据记录到内置存储器和存储卡中。

数码相机的四个关键技术指标分别为：像素数、摄影元件、镜头焦距和镜头亮度。

（1）像素数。

所谓像素数，可以理解为在摄影元件上设置的像栅格一样的东西。而光线的颜色和强度则能够以这种栅格为单位接收到相机中。像素越多，照片的颗粒就越细，相应地拍摄对象的细节部分就表现得越好。

（2）摄影元件。

摄影元件（CCD）尺寸也很重要。如果像素数相同，摄影元件越大，每个像素的尺寸就越大。像素尺寸越大，所能处理的数据量就会增加，从而就能够区别微细光线的颜色和强度，也就能够生成层次感丰富的照片。中档数码相机一般使用尺寸在 1/2.7～1/1.5 英寸的 CCD，但是高级单反相机有的会超过 1 英寸。

（3）镜头焦距。

镜头焦距是相机镜头最重要的特性之一，镜头焦距指的是平行的光线穿过镜片后，所汇集的焦点至镜片间的距离。若是被摄体的位置不变，镜头的焦距与物体的放大倍率会呈现正比的关系。

（4）镜头亮度。

"F 值"表示镜头亮度。不用闪光灯在中午进行拍摄时，F 达到 4.5 左右就足够了。但是当经常在傍晚时分或光线昏暗的室内拍摄时，F 最好能达到 3.5 或 2.7 左右。虽说如此，镜头的性能并不能仅由规格来判断。

作为目前最常用的颜色输入设备，数码相机采集的信号多来自于彩色物体本身。采用外部光源进行工作，光源可能是太阳光，家里的白炽灯，或街边的荧光灯等。由于这些光源在光谱分布和强度上可能有很多变化，各种问题（例如人）都可能影响彩色输入信号的质量。比较明显的就是荧光灯下拍出的照片发蓝，钨丝灯下拍出的照片偏暖色。

为了得到颜色正确的照片，对数码相机的色彩校正是必不可少的。另外，数码相机的校正需要先确定其拍摄时的光源条件，并在光源稳定的条件下进行校正。目前数码相机的校正方法有两种：白平衡校色和标准色标校色。

一、白平衡校色

目前市场上主流的数码相机都内置有多种白平衡模式。白平衡是相机自带的使拍摄色彩尽可能还原的校色功能，它可以控制数码相机在当前的光线条件下，以什么比例的红、绿、蓝光混合成纯白光，之后将这一数据与相机内置的标准白色相比较，得出两者的差异，在拍摄时对这一差异进行自动补偿，从而还原出正确的白色。RGB 模式的白色包含了所有颜色，白色还原准确了，其他颜色还原也就准确了。当然，这只是理想状态下的白平衡功能，实际上白平衡功能的发挥还受到很多其他因素的影响。

大部分数码相机都具备自动/手动，日光/钨丝光/荧光等白平衡模式。在自然模式下，色彩还原可能不正确，这时就需要根据拍摄的光源条件选择相应的白平衡模式。但是各种模式的白平衡毕竟只是相机厂商设定的一种预定模式，有一定的作用范围，而拍摄环境极有可能超出这个范围或上下波动。因此，白平衡也只能在某种程度上改善色偏。数码相机的自动平衡如图 3-1 所示。

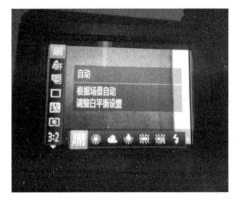

图 3-1　数码相机的自动白平衡

　　用手动白平衡进行调整效果较好。手动白平衡实际上是设定一个白色参照物来确定画面白场，通过定白场的方式进行画面色彩调整。具体方法是：① 选择一块白色的参照物，如白纸、白色衣服或其他浅色物品，不能有花纹；② 把选好的参照物放到拍摄环境中，如果是拍摄静物，就与静物放在一起，如果是拍摄人物，就置于脸部附近；③ 选择相机手动白平衡模式，变焦参照物，使白色参照物尽可能充满画面；④ 启动手动白平衡，取景器上的手动白平衡图标开始闪烁（有的相机是画面闪烁），直到闪烁停止，手动白平衡就设定好了。如果拍摄环境或光源有变化，则需重新手动设定白平衡。由此可见，手动白平衡可设置拍摄时的光线环境，而预设的几种白平衡模式只能校正预设范围内的光线环境及色彩，因此手动白平衡模式比预设模式校正的颜色更准确。

　　手动白平衡最关键的技术是标准白板的确定，但如何确定标准白板呢？每个人对白色的感觉不一样，确定的白色参照物也不一样，因此手动白平衡受拍摄者经验的限制。

二、标准色标校色

　　国际通行的校色方法是找到数码相机在某一环境下的颜色再现特性

（颜色空间），然后用此颜色空间进行图片的色彩校正。一般选择与设备无关的 Lab 颜色空间，这时设备的颜色特征表现为：某种设备对颜色的描述数值同与设备无关的色度值之间形成对应关系。设备不同，这种对应关系也不同。数码相机的呈色对应关系是被拍摄对象的颜色经过照相转化的 R、G、B 三个信号值与被拍摄对象的颜色之间的数据对应关系。利用这一关系，通过三个信号值，可以求出被拍摄对象的颜色状况。因为是由与设备无关的 Lab 色度值求出的被摄对象颜色，可忽略设备造成的色偏，因此这种方法得到的颜色是最正确的颜色。具体做法如下：

首先拍摄一张标准色标，目前常用的标准色标是 Gretag Maccbeth Color Chcker mini 24 色色卡。色标大小为 5.7 cm × 8.284 cm，包含 24 个色块，如图 3-2 所示。这些色块可反映自然界的常见颜色，如肤色、不同程度的绿色和蓝色等，色标中所有的颜色都来自于孟塞尔（Munsell）颜色系统。拍摄时数码相机的镜头与色标要保持平行，拍摄得到*.jpg 的图像后导入计算机，再启动 Profiler maker，在 Sample 中打开拍摄色标，把色标准确裁切下来，确定后自动生成样品色标；单击 Start 按钮，软件将自动生成 ICC 特性文件，并将其保存在 C:\winnt \system32\spool\drivers\color 文件夹下。在 Photoshop 中打开照片，执行 Image\Mode\Assign profile 命令，为照片指定刚才生成的特性文件，使照片的颜色显示在正确的颜色空间中，即完成校准。

这种校准方式比手动白平衡方式更准确，因为利用相机进行的白平衡调整，只选择了一个参照颜色（白色），而 Color Checher 标准色标含有 24 个参照色，基本包含了自然界的常见颜色，能更好地反映数码相机的颜色特性，因为参照物越多越详细，最终结果也就越接近自然界的颜色。

图 3-2　Color Checker mini 24 色色卡

综上所述，校正数码相机成像色偏可采用白平衡校色和 Color Checker 24 色标校色两种方法。白平衡校色方式较为简单，无须借助外部设备，一般数码相机都具备这一功能，但受环境、拍摄条件及操作者的色彩感觉影响较大。而且，由于参照物单一，最终的校色效果仍会有一定误差。使用 Color Checker 24 色标校色，是基于与设备无关的 Lab 显色模式下的颜色校正，且使用的参照色多而全面，并采用对图片后期校色的方式，因此校色效果更为稳定和准确。但采用此方法要使用外部配件——色标（瑞士进口），其价格昂贵，要普及还不太可能实现。另外，该色标中相关的肤色块是以白种人肤色为基准的，对黄种人的肤色不是很适应，因此建议研究和开发更为实用的，符合我国数码相机用户实际要求的国产标准色标。

任务二 数码相机的特征化

【知识目标】

（1）掌握数码相机特征化的方法；

（2）掌握数码相机特征文件在印刷工艺控制中的应用。

【能力目标】

掌握制作符合一定工作条件下的数码相机的特征文件。

一、基本步骤

1. 拍摄标准色标

使用数码相机预览标准色标，并对色标进行裁剪，确保拍摄的图像仅包含所需要的标准色标中的色块；如果需要对色标图像进行旋转和镜像处理，选择拍摄的精度尺寸，确保拍摄图像的大小为 750KB 至 2MB 之间，拍摄时一定要将数码相机中的色彩管理功能关闭。

2. 保存拍摄好的色标文件

拍摄完成后，将其保存为 RGB 色彩模式的 TIFF（JPG 格式的准确度低于 TIFF 格式）格式文件。

3. 计算机特征文件

打开专业的色彩管理软件（Profile maker 5.0），调用拍摄后的色表图像文件，并选择标准色标所对应的标准化数据文件，通过计算，生成特征文件。

二、数码相机特征文件的制作(以 Profiler maker 5.0 为例)

（1）运行 Profile maker 5.0，然后点击相机（Camera）按钮，打开设置窗口，（见图 3-3）。

图 3-3　运行 Profiler maker

（2）选择参考文件和测量文件，色标类型必须一致，（见图 3-4）。

图 3-4　选择参考文件和测量文件

（3）剪切测试条，（见图3-5）。

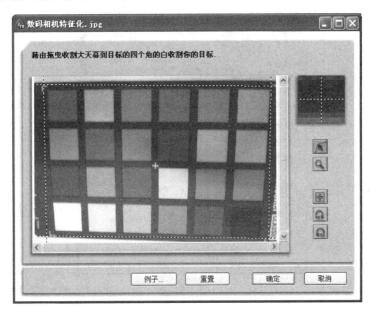

图 3-5　剪切测试条

（4）设置特征文件的大小，（见图3-6）。

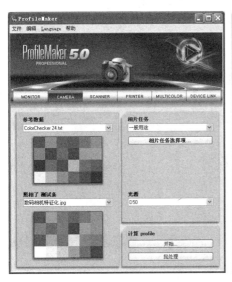

图 3-6　根据实际情况设置特征文件的大小

（5）点击计算，生成数码相机特征文件，后缀为.ICC，（见图3-7）。

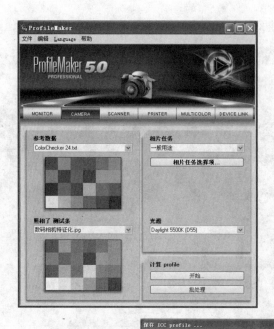

图 3-7　生成数码相机特征文件

三、数码相机特征化注意事项

1. 选择具有良好色彩的专业相机

不同的数码相机的色彩能力截然不同，需要选择色域较大的专业相机。

2. 照　明

数码相机要求准确的曝光，一张曝光过度的数字图像难以修复。为了达到正确曝光就需要良好的照明，如采用标准光源作为摄影光源。

3. 检查标准色标的拍摄结果

四、数码相机特征文件的应用

一旦得到数码相机的特征文件就应该对所拍摄的图像进行特征文件的指定。通过指定特征文件的方式，可利用色彩管理的方式自动校正图像的色彩。

任务三　数码相机的校正与特征化实训

1. 实训目的和要求

了解数码相机工作原理，掌握数码相机校正与特征化方法。

2. 实训内容和原理

数码相机是目前印刷工艺流程中最常用的输入设备，因此数码相机采集颜色的正确性对于印刷品的再现质量十分重要。本实验通过专业软件的使用，结合测量仪器完成数码相机的校正与特征化。

3. 实训器材

数码相机，标准光源灯箱，专业色彩管理软件（Profiler maker 5.0），Color Checker mini 24 色色卡。

4. 实训步骤

（1）正确选择标准光源。

（2）使用标准白板完成数码相机的白平衡。

（3）拍摄标准色样，并使用 Profiler maker 5.0 完成色样测量。

（4）使用 Profiler maker 5.0 完成数码相机特征文件的制作。

（5）利用标准光源对景物进行拍摄，利用 Photoshop 软件完成特征文件的调用。

（6）说明应用数码相机的特征文件之后，观察拍摄图像的色彩状况（有无色相、亮度等变化）。

【复习思考题】

1. 叙述数码相机校正的过程。
2. 叙述数码相机特征化的步骤。

项目二　专业显示设备的校正与特征化

任务一　显示器的校正

【知识目标】

（1）了解常见显示器；

（2）掌握使用控制面板程序完成显示器的校正；

（3）掌握使用 I1 Profiler 完成显示器的校正。

【能力目标】

掌握显示器的校正方法。

一、显示器概述

I. 显示器分类

（1）CRT 映像管屏幕。

（2）LCD 液晶显示屏。

CRT 映像管屏幕价格比 LCD 液晶显示屏便宜，焦距清楚，但画质不太稳定；其屏幕的体积比 LCD 液晶显示屏厚，体积大，画质不太清晰，用得太久眼睛会不舒适。LCD 液晶屏幕，能依照理想的可视度调整屏幕高度，画质清晰，稳定，用得太久眼睛不会不舒适，体积小。

目前大多数显示器均为 LCD 液晶显示器，它是基于液晶电光效应的显示器件。包括段显示方式的字符段显示器件；矩阵显示方式的字符、图形、图像显示器件；矩阵显示方式的大屏幕液晶投影、电视液晶屏等。液晶显示器的工作原理是利用液晶的物理特性，在通电时导通，使液晶排列变得有秩序，使光线容易通过；不通电时，排列则变得混乱，阻止光线通过。

2. 专业显示器简介

（1）艺卓显示器。

在专业显示器制造界，艺卓（EIZO）的名字可谓无人不知。该专业显示器以品质出色、功能全面而著称，世界上很多的专业图形设计部门均使用艺卓显示器。作为显示器设备的一流制造商，EIZO 早在 CRT（电子射线类）显示器独步天下的时代就已经奠定了它今天的地位，从 CRT 的球面到柱面再到纯平、TFT-LCD 液晶显示器，就是对产品品质的严格要求，是艺卓显示器成功的主要原因。

其中，ColorEdge 系列是专业绘图显示器。显示器都在厂房内，可以进行各种校准，以保证色彩精度。配有艺卓专利的 ColorNavigator 软件，可对光度和色温进行更精确校对。作为 EIZO 的旗舰系列型号，适用于对色彩还原有严格要求的出版业、印刷业、设计行业等专业的照片处理。

（2）NEC 显示器。

NEC 显示器是日本电器（日语：日本电气/にっぽんでんき；英文译名：NEC Corporation，前称 Nippon Electric Company Limited）旗下的子品牌。NEC 显示器为用户提供尖端的显示技术和与时俱进的设计。

NEC 显示器从用户打开包装，直到回收，在整个产品使用过程中，为用户提供绝无仅有的低成本使用体验。同时，一台显示器要打上 NEC 的商标就必须要拥有能够让用户安心的最高质量，符合绿色环保标准，不得含有污染环境的零件，其设计符合人体工程学的特点，让用户得到最大程度的视觉舒适感。NEC 的售后服务也是无可匹敌的。

（3）MAC 显示器。

MAC 的优势是色彩还原更好，也就是说你在显示器上看到的颜色就是打印出来的颜色，而不像 PC 机上的 WIN，你在电脑上看到的是一个颜色，打印出来可能就会有色差，这也是很多平面设计喜欢用 MAC 的原因，因为MAC 是真正意义上的所见即所得。

二、显示器校正前注意事项

进行校正前，首先检查这个显示器是否适合校正，校正后是否可以达到理想或者专业的效果。如果显示器太残旧、已老化、不稳定或者不支持全彩，那么校正是没有意义的。

其次检查环境是否合适校正工作，环境不要太亮或太暗。室内的光源最好采用 D50 或者 D65 标准光源。需要注意的是，显示器不能太靠近窗口，墙纸或墙壁最好为灰色。计算机的桌面背景也最好设为灰色，因为太花或太鲜的颜色会影响视觉，也可以考虑给显示器加一个遮光罩。另外，操作者要穿深色衣服，防止衣服的颜色反射到屏幕上，而且眼睛与显示器的距离应保持在 50 cm ~ 65 cm。

三、显示器校正调节的参数

显示器校正的重点是在特定亮度与对比度下调节显示器的白点（色温）与 Gamma 值。

I. 确定白点（色温）

调整显示器白点的过程就是调整显示器红、绿、蓝三色信号，使显示器达到白平衡的过程。

色温反映的是显示器上白色区域的颜色状态，色温低则显示器显示的颜色偏黄，色温高则颜色偏蓝。

普通电脑的显示器普遍偏蓝，其色温值为 9 300 K 作用。然而，印前复制系统中为使操作者在屏幕上看到的颜色与最终输出的纸上图像颜色尽可能接近，要求显示器的色温为 5 000 K 或 6 500 K。苹果系统计算机通常默认值为 6 500 K，即色度学中 CIE 推荐使用的标准照明体 D65 的色温值。

2. 确定 Gamma 值

Gamma 值反应显示信号与控制电压的对应关系。苹果计算机系统的默认 Gamma 值为 1.8，PC 计算机的默认 Gamma 值为 2.2。

四、显示器的校正方法

下面介绍两种常用的显示器校正方法：

I. 利用 Adobe Gamma 控制面板校正显示器

（1）校正前保证显示器已打开半个小时。

（2）调整室内光线，使之处于正常工作状态（将门窗关闭）。

（3）打开 Adobe Gamma 控制面板，调节显示器的亮度和对比度。

（4）在对话框的上方选择适当的目标 Gamma 值（苹果计算机系统的默认 Gamma 值为 1.8，PC 计算机的默认值是 Gamma 为 2.2）；设定 Gamma 值，用 Gamma Adjustment 调整，直到三角形滑块上方的双色灰色条中的两种色块视觉效果相近，没有明显界限为止。

（5）调整白点。单击白场键，使显示器显示的灰色不偏色为准。

（6）完成校正。

图 3-8　Adobe Gamma 控制面板程序

2. 利用专业软件 il Profiler 完成显示器的校正

因在 Il Profiler 软件中显示器的校正与特征化是一起完成的，所有具体的校正步骤将在下一节任务二中具体讲述。

任务二　显示器的特征化

【知识目标】

（1）掌握显示器特征化的原理；

（2）掌握显示器特征化的操作方法。

【能力目标】

掌握制作显示器特征文件的方法。

通过显示器的特征化可建立一个标准的色彩特征文件，计算机操作系统通过这个显示特征文件来驱动显示器，从而实现将显示器所显示的 RGB 色彩向 CIE Lab 标准色彩空间的转换。

显示器的特征化步骤分为显示标准色样的测量，显示特征参数的设定，显示特征文件的计算与使用三个关键环节。

以下以专业软件 I1 Profiler 为例进行说明。

（1）启动 I1 Profiler 软件，点击【显示器】下面的【色彩管理】菜单（见图 3-9）。

图 3-9　I1 Profiler 软件界面

（2）根据实际情况，设置显示器校正的目标值，主要有 Gamma 值、亮度、对比度和白点等（见图 3-10）。

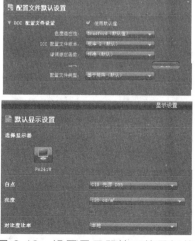

图 3-10　设置显示器校正的目标值

（3）对未来要测量的色块进行设置，色块尺寸越大，校正越准确（见图 3-11 ）。

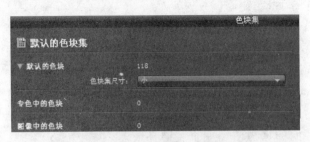

图 3-11 设置显示器校正的目标值

（4）连接 I1 Profiler，并校准进行测量，未校准无法进行测量。此时，测量选项呈灰色不可选，校准完成后测量选项可选（见图 3-12 和图 3-13 ）。

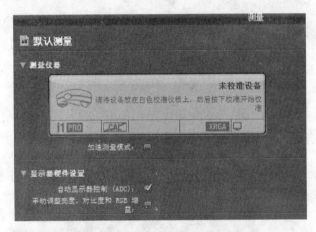

图 3-12 连接 I1 Pro 校准并进行测量

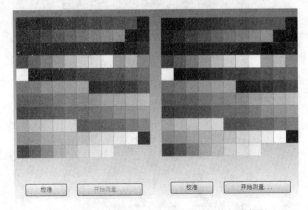

图 3-13 连接 I1 Pro 校准并进行测量

（5）手动调节显示器的物理开关（亮度值、对比度和 Gamma 值）；（以亮度调节为例），如图 3-14 所示，通过物理开关将显示器亮度调整至最小值并通过 I1 Pro 进行测量，根据目标值对测量结果进行校正，从而得到最佳亮度值。

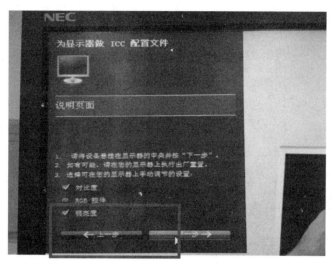

图 3-14　显示器校正的具体方法

（6）自助完成显示器的色彩校正，至此，显示器校正完成。

（7）单击【创建显示器的特征文件】，生成显示器的特征文件（见图 3-15）。

图 3-15　显示器特征文件制作完成

相比较 Profiler maker 而言，I1 Profiler 可以将制作完成的显示器特征文件与目标特征文件相比较，评估显示器校正的效果以及所制作的特征文件的质量（见图 3-16）。

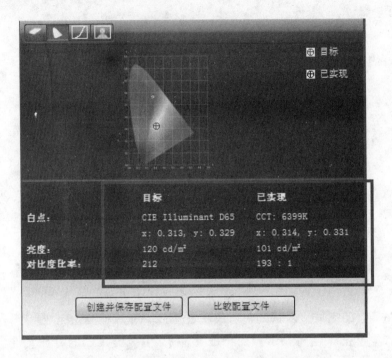

图 3-16　显示器校正的结果与目标值比较

至此，显示器特征文件制作完成。很多用户不明白显示器特征文件究竟有什么作用。其实显示器的特征文件无时无刻不在为计算机服务，缺少了显示器特征文件，显示器显示色彩时就会出现差错。

（1）操作系统调用显示器特征文件。

通过计算机—设置—控制面板—显示—设置—高级—颜色管理进行显示器特征文件的调用（见图 3-17）。一般在显示器校正完成后，会自动调用最新的显示器特征文件，以保证色彩再现的正确性。

（2）在 Adobe Photoshop 软件的颜色设置中，RGB 工作空间的下拉列表可看到"显示器 RGB-monitor"为当前计算机系统的显示特征文件（见图 3-18）。

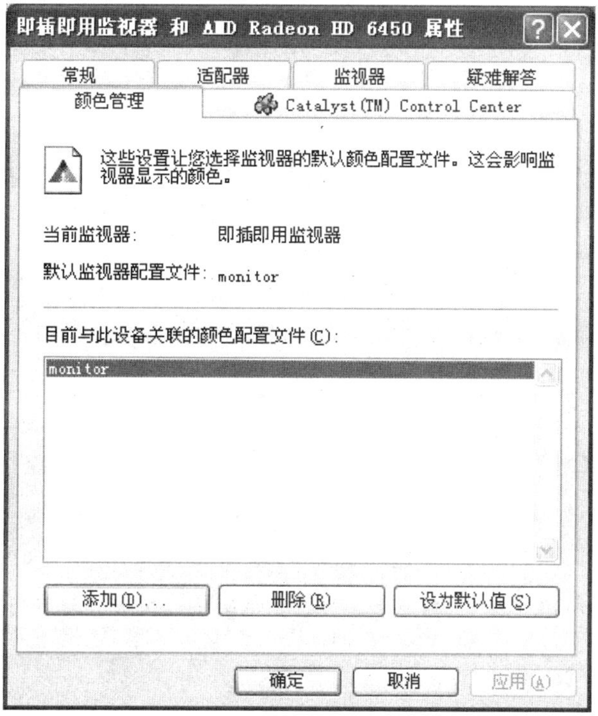

图 3-17　显示器特征文件的系统调用

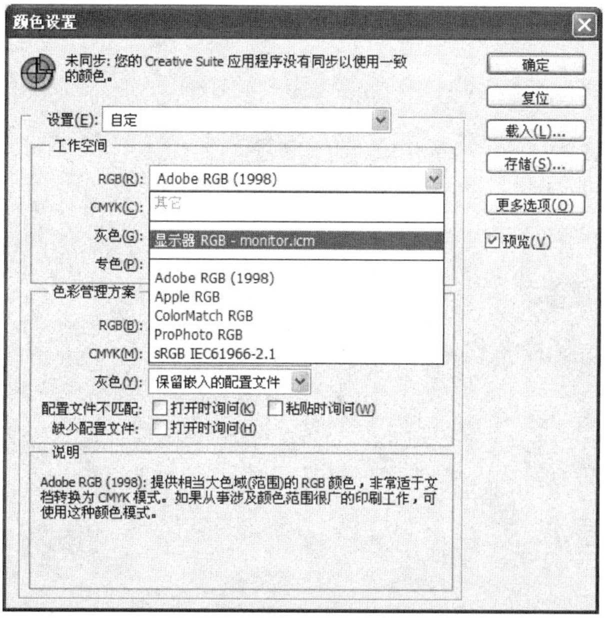

图 3-18　Photoshop 软件中显示器特征文件

综上所述，显示器特征文件在计算机操作系统中是默默地在后台支持显示色彩工作的，无论是计算机还是应用系统，都离不开显示器特征文件。

任务三　显示器的校正与特征化实训

1. 实训目的和要求

了解显示器工作原理，掌握显示器校正与特征化方法。

2. 实训内容和原理

显示器是印刷工艺流程中一个特殊的设备，其对于输出设备（打印机、印刷机）而言是输入设备，对于数码相机等输入设备是输出设备，因此显示器显示颜色的正确性对于色彩再现质量十分重要。本实验通过专业软件的使用，结合测量仪器完成显示器的校正与特征化。

3. 实训器材

屏幕测色仪 I1 Pro、专业色彩管理软件（I1 Profiler）、U 盘

4. 实训步骤

（1）连接 I1 Pro；
（2）显示器预热；
（3）显示器校正，根据测量结果调节显示器参数（对比度和色温）；
（4）测量显示器上的标准色块的 Lab 色度值，并保存测量数据；
（5）制作显示器特征文件。

5. 实训数据及分析

（1）记录显示器的对比度；
（2）记录显示器的色温调整结果。

【复习思考题】

1. 叙述显示器校正过程。
2. 叙述显示器特征化过程。

项目三 输出设备的校正与特征化

任务一 打印机的校正与特征化

【知识目标】

（1）掌握打印机校正原理；

（2）掌握打印机特征化的方法；

（3）使用打印机特征文件。

【能力目标】

（1）掌握打印机校正；

（2）掌握打印机特征化。

一、打印机概述

打印机（Printer）用于将计算机的处理结果打印在相关介质上，主要以纸质媒介为主。衡量打印机好坏的指标是打印分辨率和打印速度。打印机的种类很多，按打印元件对纸是否有击打动作，分为分击打式打印机与非击打式打印机。按其所采用的技术，分柱形、球形、喷墨式、热敏式、激光式、静电式、磁式、发光二极管式等打印机。目前市场上主要使用的是激光打印机和喷墨打印机。

l. 激光打印机

激光打印机主要由控制系统、激光扫描系统、电子照相系统和走纸机构组成。首先计算机输出信息，控制系统通过接口接收来自计算机的图文信息；对其处理后，由激光扫描系统进行扫描，将需要输出的文字、图形和图像在硒鼓上形成静电潜像；其次用电子照相系统进行显像处理，即用带有电荷的增色剂对潜像进行着色，增色剂是带有与潜像极性相反电荷的微细墨粉，墨粉吸附在潜像上就形成了可见像；最后通过输纸机构将可见像转印到普通纸上，并将文字、图像等信息加以固定（定影）后输出，从而完成了整个印制操作过程。

激光打印机有电子辐射和热辐射，对人体有一定的影响，应注意对孕妇及幼儿的防护或远离这些设备。打印过程中，高温加热会带出一些粉墨颗粒物，对呼吸不利，应尽量避免长时间在激光打印机边工作。

2. 喷墨打印机

喷墨打印机采用的技术主要有两种：连续式喷墨技术与随机式喷墨技术。早期的喷墨打印机以及目前的大幅面的喷墨打印机均采用连续式喷墨技术，而当前市面上流行的喷墨打印机普遍采用随机喷墨技术。连续喷墨技术以电荷调制型为代表，随机式喷墨系统中墨水只在打印需要时才喷射，所以又称为按需式。

（1）连续喷墨。

连续喷墨技术的打印原理是利用压电驱动装置对喷头中的墨水加以固定压力，使其连续喷射。为进行记录，利用振荡器的振动信号激励射流生成墨水滴，并对其墨水滴大小和间距进行控制。由字符发生器、模拟调制器而来的打印信息对控制电报上的电荷进行控制，形成带电荷和不带电荷的墨水滴，再由偏转电极来改变墨水滴的飞行方向，使需要打印的墨水滴飞行到纸面上，生成字符/图形。不参与成像的墨水滴由导管回收。对偏转电极而言，有的系统采用两对互相垂直的偏转电极，对墨水滴打印位置进行二维偏转型；有的系统对偏转电极采用多维控制，即多维偏转型。

这类打印机的特点是打印速度快，易实现彩色打印，而且可采用普通纸。不足之处是对墨水需要施加电压，而且要有墨水回收装置以回收不参与成像的墨滴。

（2）随机式喷墨。

随机式喷墨系统中墨水只在打印需要时才喷射，所以又称为按需式。它与连续式相比，结构简单，成本低，可靠性也高，但是，因受射流惯性的影响，墨滴喷射速度低。在这种随机喷墨系统中，为了弥补这个缺点，不少随机式喷墨打印机采用了多喷嘴的方法来提高打印速度。

其中，打印机的知名品牌，精工爱普生（EPSON）公司成立于1942年5月，总部位于日本长野县诹访市，是全球数码影像领域的领先企业。爱普生集团通过富有创新和创造力的文化，提升企业价值，致力于为客户提供数码影像创新技术和解决方案。

EPSON 7910简介：

最大打印幅面：24英寸（大A1）。

墨盒数量：11色墨盒。

打印速度：大约0.8 min（普通纸：草稿模式）。

最大打印分辨率：2 880×1 440 dpi。

内存：主机：256 MB；网络：64MB。

介质类型：卷纸，单页纸。

墨盒容量：350 mL：照片黑色T5971，青色T5。

产品尺寸：1 356 mm×667 mm×1 218 mm。

产品重量：84.5 kg。

噪音水平：小于50 dB（A）。

二、打印机的校正

1. 打印机的校正（线性化）原理

作为输出设备，打印机接收图像信号，通过电流控制系统，转换为打印头的墨滴信号，形成彩色输出结果，完成打印。由于信号在传输和转换过程中的损失，输入图像信号与打印输出值之间的对应关系往往偏离线性对应关系，即打印输出的结果不能与输入图像信号呈线性对应关系，所以说打印机是非线性输出设备。结果导致彩色打印机输出的彩色图像都表现出暗调无法区分（尤其是当阶调大于90%时）。

打印机的线性化是通过打印机先输出一组色块，用仪器或人眼区分，并选取某个原色的起始点，而去掉那部分被"并"掉的色彩阶调，从而暗调的颜色也就可以区分了，即拉开了暗调的层次。

2. 打印机校正流程

打印机的线性化一般有两种方式：一是通过测量线性梯尺；二是通过

视觉观测进行调整。其中，第二种方式需要长期的工作经验，通过手动调节线性化曲线的方式完成校正。

第一种方法校正结果相对准确但较复杂。操作步骤如下：

① 选择测色工具（分光光度计）。

② 关闭打印机色彩管理功能，打印线性化色表。

③ 使用测量仪器分别对每个等级的颜色进行测量，测量结果将直接反应在对应的线性化曲线对话框中。

④ 重复以上步骤。打印输出相应色表，并进行测量，确定最大墨量和单色最大墨量。

⑤ 将线性化结果保存为一个文件，以后调用。

以 Epson 7910 打印机和 CGS 校正软件为例进行进一步说明：

（1）打印机基本设置

① 启动 ORIS 软件界面，选择 "add printer"，出现如图 3-19 所示界面。

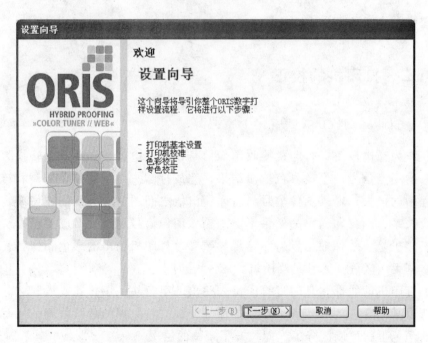

图 3-19　打印机设置页面

② 选择需要校正的打印机，并新建队列（见图 3-20）。

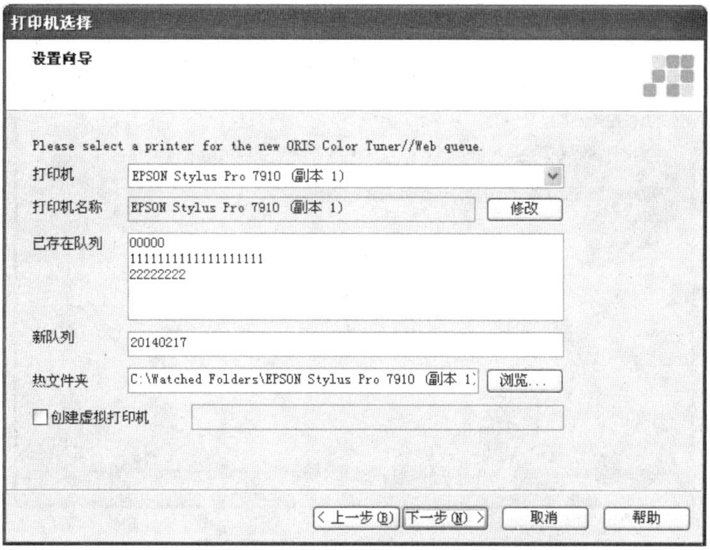

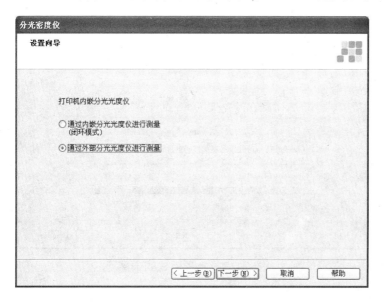

图 3-20　选择打印机，新建队列

③ 选择测量设备，通过外部分光光度计，即 I1 Pro 测量（见图 3-21）。

图 3-21　选择测量设备

④ 选择"无⋯⋯"，进行线性化文件的创建（见图 3-22）。

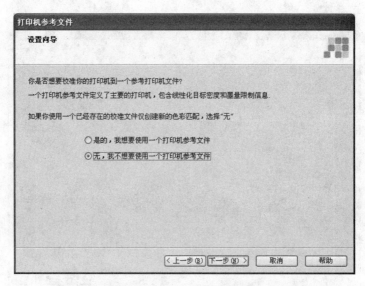

图 3-22　选择不使用已存在的打印机参考文件

⑤ 色彩模式的选择，一般选择最后一个（见图 3-23）。

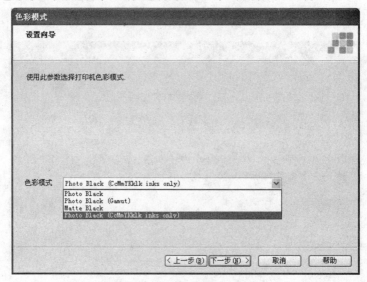

图 3-23　色彩模式的选择

⑥ 纸张类型、分辨率和打印模式的选择：纸张类型根据实际所用纸张进行选择（见图 3-24）。分辨率设置越高，打印质量越高，速度越慢；反之则打印速度快，但质量差，建议选择 720*140 dpi（见图 3-25）。双向打印速度快，质量一般；单像打印速度慢，质量高，建议学生实训选择双向（见

图 3-26)。

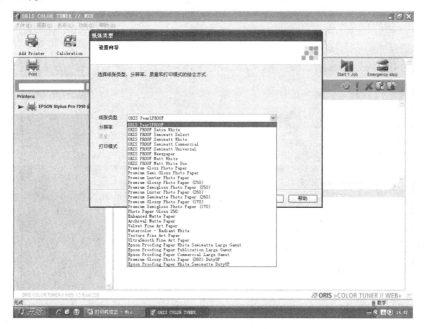

图 3-24　纸张类型选择

图 3-25　分辨率的设置

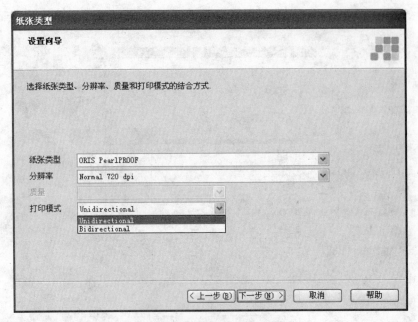

图 3-26　打印模式的设置

⑦ 纸张来源和纸张大小的选择：纸张来源根据实际情况选择，纸张大小若为卷筒纸，则选 Roll Paper，（见图 3-27、图 3-28 ）。

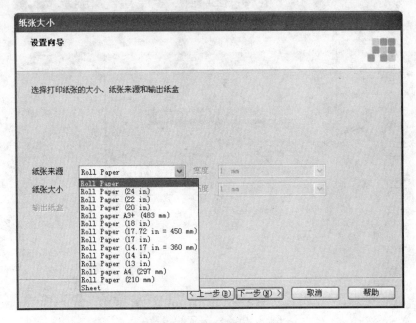

图 3-27　选择纸张来源

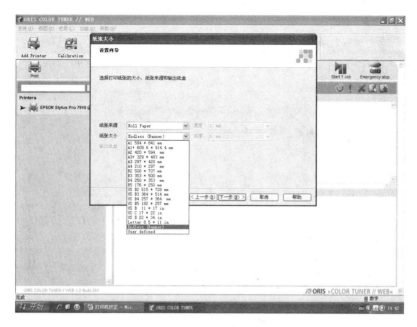

图 3-28　设置纸张大小

⑧ 纸张打印设置，按图 3-29 所示进行选择，可省纸。

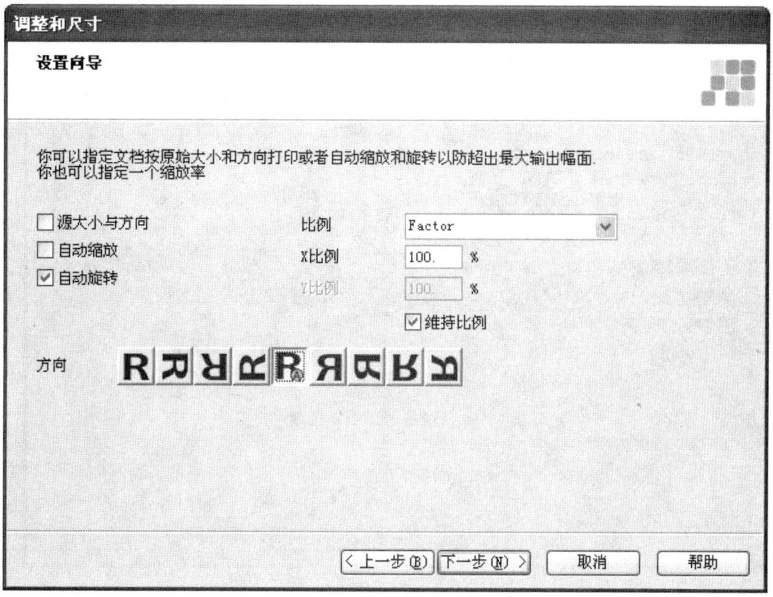

图 3-29　设置旋转方向

⑨ 设置用户名称和用户 logo（见图 3-30）。

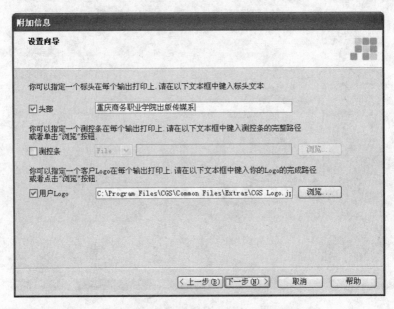

图 3-30　设置用户名和用户 logo

⑩ 这一步均需要勾选（见图 3-31）。

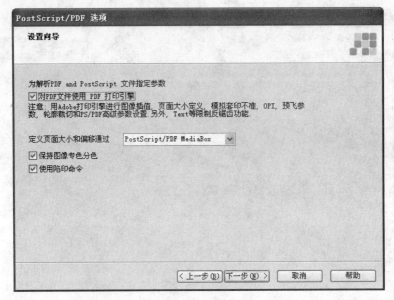

图 3-31　默认设置

（2）打印机线性化。

① 因为要对打印机做新线性化，所以此处选择【新线性化】，（见图 3-32）。

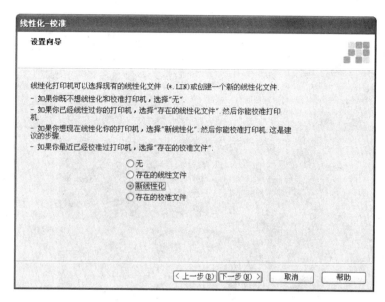

图 3-32　线性化选择

② 选择测量设备，并检查其连接状态，（见图 3-33）。

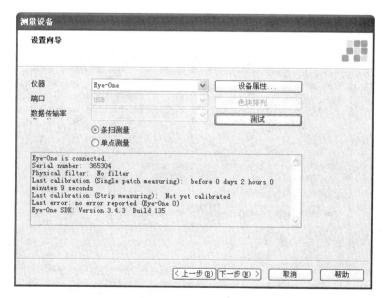

图 3-33　检查测量设备状态

③ 打印线性化色表，打印完成后需等待色表干燥，（见图 3-34）。

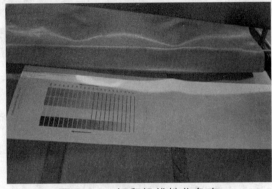

图 3-34　打印机线性化色表

④ 点击【测量打印色表】，出现测量界面，使用 I1 pro 测量线性化色表，如图 3-35 所示。

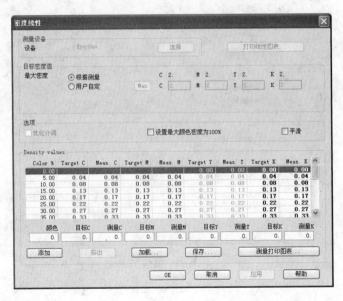

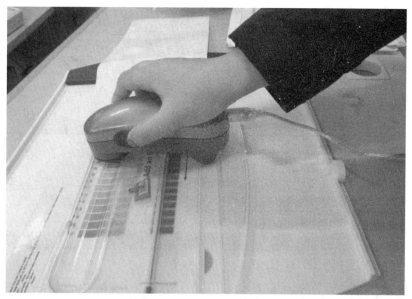

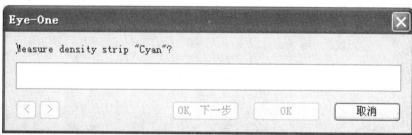

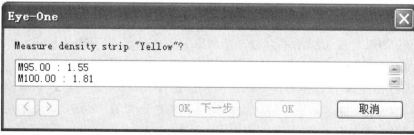

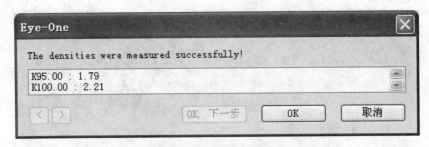

图 3-35　测量线性化色表

⑤【设置最大颜色密度为 100%】和【平滑】，测量完成后点击【应用】，软件会自动计算，再点击【OK】，（见图 3-36）。

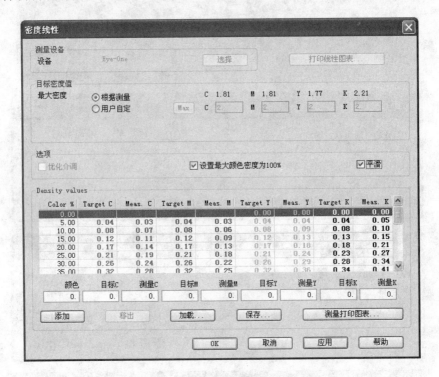

图 3-36　应用测量数据

⑥ 如果对校正结果不满意，可选择【上一步】，进行循环校正；如果满意，则点击【下一步】，打印机线性化成功（见图 3-37）。

利用 ORIS 软件还可以进行油墨量的设置，具体步骤为打印墨量限制色表—使用 528 进行测量—根据测量结果判断最大墨量，如图 3-38 所示，这里不再详细描述。

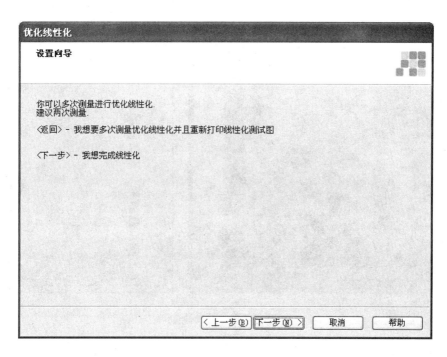

图 3-37　完成线性化

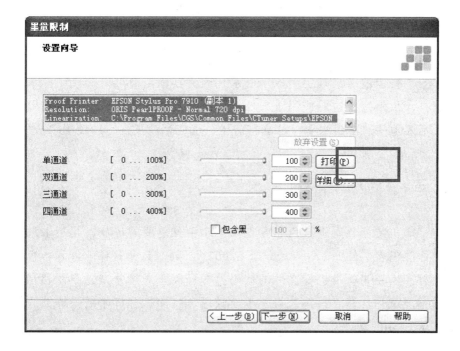

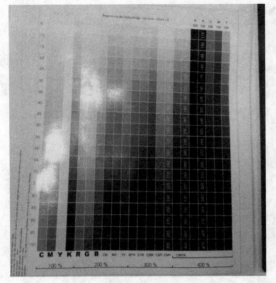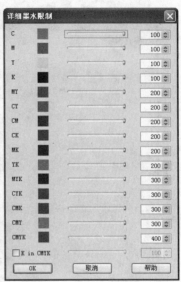

图 3-38　墨量限制

4. 打印机校正注意事项

（1）对打印机做校正是有一定的有效期的。一旦更换了纸张与墨盒等耗材，或人为对打印机做了调整，其打印结果都可能出现变化，此时需要对打印设备重新进行校正。

（2）打印设备最好使用原厂墨水，因为其他厂商推出的代用墨水较易造成打印头阻塞，这对使用永久性打印头的爱普生彩色喷墨打印机影响最大。不要随便取出墨水盒，若真有需要，也应存放正确，以免墨水被风干。

三、打印机的特征化

打印机特征化是进行色彩管理的一个十分重要的环节。其基本过程是使用标准色表文件如 IT8.7/3 或 ECI 2002 等,通过数码打样软件和彩色打印机，打印出一张标准色标文件的数码打样样品。通过分光光度计和专用软件进行测试和计算，最终获得一个反映彩色打印机和打印纸张特性的特征文件（.profile 文件）。

I. 常用标准色标

IT8.7/3（见图 3-39）是专为 Printer 打印机或色彩输出机所准备的工业标准。图表构成为基础色块值（Basic Ink Value），有 182 个 CMYKs 以及专业的色块值（Extended Ink Value），多达 928 个 CMYKs。

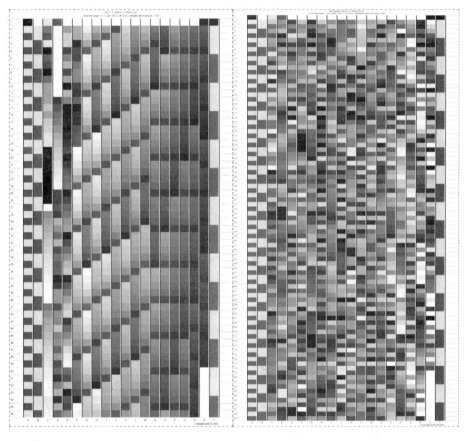

图 3-39　IT8.7/3 CMYK I1　　　　　图 3-40　ECI2002 CMYK I1

ECI 2002 是由 ECI（European Color Initiative，欧洲颜色促进会）开发的一套旨在描述四色印刷特征的输入数据。ECI 2002 数据集实际上是 ISO 12642-1：1996（Graphic technology—Input data for characterization of 4-colour process printing—Part 1：Initial data set，印刷技术——用于四色印刷特征描述的输入数据——第一部分：原始数据）的扩展。

ISO 12642-1：1996 规定了用于四色印刷工艺特征描述的油墨墨量，还规定了用于交换的油墨墨量和色度值的测量过程和数据文件。特征数据可以在色彩管理流程中用于描述不同输入、输出工艺以及计算设备特征文件，也可以用于工艺校正和过程控制。

与 IT8.7/3 相比，ECI 2002（见图 3-40）拥有更多的色样，进行输出设备特征化时，将提供更多的颜色标准数据，用于设备特征文件的计算和生成。

2. 打印机特征化流程

（1）打印输出测试条。

（2）用分光光度计联线测量。

（3）依据测试条的测量数据生成特征文件。

下面以专业软件 I1 Profiler 为例进一步说明：

① 启动 I1 Profiler，如图 3-41 所示。

图 3-41　启动 I1 Profiler

② 选择需要打印的色块数（I1 Profiler 自带色表，且色块数越大，特征化越准确，但打印时间较长），如图 3-42 所示。

③ 选择测量工具，I1 Pro，如图 3-43 所示。

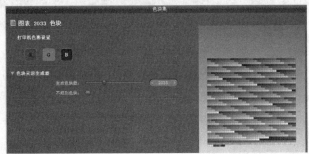

图 3-42　设置将要打印的色块数

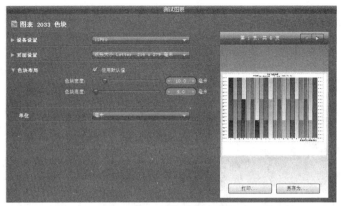

图 3-43　选择测量工具

④ 设置纸张、色块的大小（尺寸），（见图 3-44）。

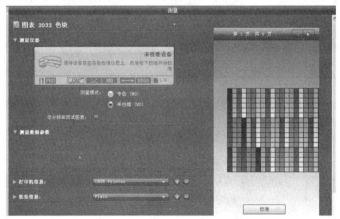

图 3-44　设置纸张、色块的大小

⑤ 设置标准光源，（见图 3-45）。

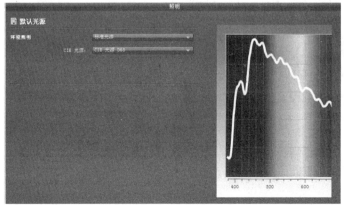

图 3-45　设置标准光源

⑥ 设置特征文件的大小,(见图 3-46)。

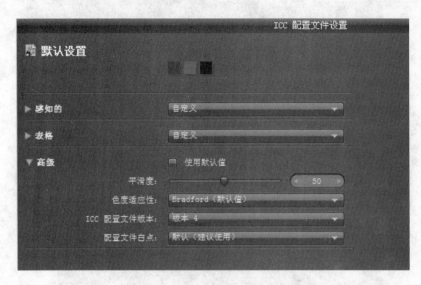

图 3-46　设置特征文件的大小

⑦ 打印机特征文件制作完成（完成测量后,【创建打印机特征文件】变成可选, 即可制作打印机特征文件）, 此处不再进行测量和具体的制作,(见图 3-47)。

图 3-47　制作打印机特征文件

3. 打印机特征文件的应用

打印机的特征文件可用于数码打样、屏幕软打样等领域。

任务二 打印机的校正与特征化实训

1. 实训目的和要求

了解打印机工作原理，掌握打印机校正与特征化方法。

2. 实训内容和原理

打印机的校正（线性化）是通过打印机先输出一组色块，用仪器或人眼区分，并选取某个原色的起始点，而去掉那部分被"并"掉的色彩阶调，从而暗调的颜色也就可以区分了，即拉开了暗调的层次。

本实验通过专业软件的使用，结合测量仪器完成打印机的校正与特征化。

3. 实训器材

Epson 7910 打样机，ORIS 数码打样软件，分光光度计 I1 Pro，专业色彩管理软件（I1 Profiler），U 盘。

4. 实训步骤

（1）连接 I1 Pro；
（2）Epson 7910 打印输出线性化色表；
（3）使用 I1 Pro 进行测量，通过 ORIS 软件可完成自动或手动的打印机校正；
（4）打印机校正完成后，打开 I1 Profiler 软件，按照提示完成打印机的特征化；
（5）制作打印机特征文件。

任务三 印刷系统的校正与特征化

【知识目标】

（1）掌握印刷标准化的相关知识；
（2）了解印刷系统认证的相关方法，如 G7 等；
（3）掌握印刷机特征化。

【能力目标】

（1）掌握印刷标准化的相关知识；

（2）了解印刷认证的相关方法，如 G7 等；

（3）掌握印刷机特征化的方法。

一、印刷系统的校正

印刷机印刷速度非常之快，一开机就可能是 5 000 张纸跑过去了。因此无论在时间上还是在金钱上，犯错误的代价都是非常高的，在进行特征化之前，就需要特别认真地考虑各种问题。在测量印刷样张时，如果印刷样张由于印刷故障导致所测量的色块存在色偏，将直接引起建立的印刷色彩管理文件（ICC Profile）不正确。

1. CTF 工艺的规范化

（1）菲林输出的规范化及其输出参数的标准化。

首先要求胶片输出做到线性化，控制正确的曝光量，使分色片实地密度达到 3.4 ~ 4.5，网点传递精确（胶片输出梯尺达到 2% ~ 98% 的网点还原，各阶调的网点误差在 1% 以内）；其次是稳定的显影条件，严格控制显影液的浓度、温度和补充量，保证胶片的灰雾度在 0.05 以下。

（2）晒版工序的规范化及其参数的标准化。

在印刷制版过程中，采用标准的印刷测控条进行规范化，如 FOGRA 或 UGRA。

2. CTP 工艺的规范化

与 CTF 相比，CTP 工艺具有网点再现性好，可复制的阶调层次范围大等优点。其工序的规范化通过数字式测控条进行分析与控制。同时，要求参考传统晒版工艺参数。

3. 印刷过程的规范化操作与标准化

规范的印刷过程要使用标准的测控条，如布鲁纳尔，并使用专业测量仪器进行及时测量与控制。印刷规范化、数据化管理的核心内容包括实地密度的控制、印刷相对反差值控制、印刷网点增大值等。

二、G7 认证

1. 什么是 G7

G7 是从打稿到印刷的色彩控制及校正方法，其中的"G"是指以灰平衡为基础的校正技巧，"7"是指 7 个 ISO 印刷主要颜色的要求，主要针对应用数码流程、分光光度学及电脑直接制版为本的印刷流程。国际印刷买家为了保证其产品印制质量，通常要求印刷企业必须具备"G7"资格认证，以此来衡量企业的印品质量水平是否与国际接轨，品质控制能力是否与国际同步。在市场需求推动下，国内外众多领先印刷企业对"G7"资格认证关注越来越高，希望通过"G7"工艺控制技术提升印品质量，进而提升企业形象，以获得更多的订单。

由于"G7"工艺控制技术有别于传统控制密度值及网点扩大值（TVI）对色彩的评价，它是利用视觉外观方法，控制色度值及中性灰印刷密度曲线（NPDC）来评价色彩，采用"G7"工艺控制技术能够更简单地实现 ISO12647-2 的印刷标准，更精确地再现灰平衡，G7 认证更有效地保证了不同印刷条件下的印刷同貌。现在"G7"控制技术已经成为 ISOTS10128 工作项目中校正印刷系统方式的重要组成部分，对提升印品质量有很大的帮助。

2. G7 认证流程

G7 认证流程分为 G7 培训和 G7 认证两大部分。

G7 培训是围绕认证过程展开的，包括理论以及实际灰平衡调整的培训，通过培训使认证单位更加明确 G7 认证方法的精髓所在。

G7 认证可以理解为根据培训成果上缴的一份答卷，认证的前提是具备满足 ISO 标准的纸张和油墨，配备四色电子墨控系统以及 CTP 流程。G7 认证专家会在现场监督整个认证过程。G7 认证过程可分为以下几个步骤：

（1）输出未校正的 CTP 印版并进行印刷；

（2）通过 IDEA 软件读取印刷样张，并计算得到 CTP 版补偿曲线；

（3）通过调整补偿曲线数值，对 CTP 数据进行校正；

（4）进行第二次制版并印刷；

（5）印刷达到标准值，抽取合格样张，如图 3-48 所示。

样张合格的判定依据是：① 样张从左到右的密度均匀性在 0.05 之内；② 样张左右两边 50% 单黑与三色灰的密度与色度数据达到 ISO 标准要求；③ 样张中间区域 50% 单黑与三色灰的密度与色度达标；④ 两个 P2P 图表的单黑与三色灰阶调密度、三色密度和网点增大数据达标；⑤ 4 个 IDEA 数码打样检测信号条颜色色差达标（不超过 5）。

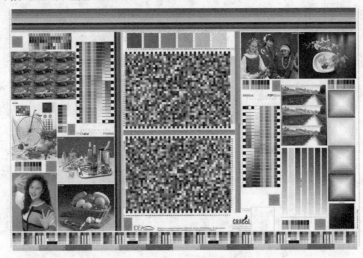

图 3-48　G7 认证标准样张（引自科印网）

一、印刷特征化

印刷系统特征化的流程与打印机特征化基本一样，主要分为以下几步：

I. 印刷标准色表

印刷特征化所使用的色表与打印机特征化一样。大多数特征化软件包中除了提供 IT8.7/3 以外，还提供一些自己的色表，用来克服 IT8.7/3 色表的不足。因此，一些新的标准色标是值得考虑的，它们是：

（1）由欧洲彩色促进组织研制的具 1 485 个色块的 ECI 2002 色表，它的效果好于 IT8.7/3。

（2）最新的 IT8.7/4 色表，它是 IT8.7/3 和 ECI 2002 的扩充，包含 1 617 个色块。

这两个色标都是随机排列的版本。GretagMacbeth 公司已经将 ECI 2002 作为他们软件使用的首选特征化色表。

2. 生成印刷机特征文件

首先通过分光光度计对印刷色表进行测量，所得结果与标准数据进行比较，通过专业软件（一般为 I1 Profiler 或者 Profiler maker）计算特征文件，此过程与打印机特征化完全一致。但是印刷特征文件需要特别注意分色参数的设定，并且设定的指标需要根据印刷生产实际条件进行控制，以下对一些重要指标的设定进行介绍。

（1）最大墨量。

最大墨量值设置过高，则会引起油墨干燥过慢，产生印刷品印迹模糊、背面蹭脏等问题，严重的影响产品质量；最大墨量过低，则会引起印刷品颜色过浅，图像层次不清，反差小等问题。

为保证印刷过程的顺利进行，特别是多色印刷的适性，设定最大墨量需要根据实际印刷生产中印刷机所能印刷的四色油墨的上限，这与印刷机种类与承印物等息息相关。通常四色胶印的最大墨量为 360%，而报纸印刷的最大墨量为 270%。

（2）最大黑墨量。

最大黑墨量是图像暗调区域允许的黑墨最大值，为输出设备设置的暗调点。最大黑墨量由实际生产中印刷机所能印刷的最大黑墨量百分比决定。黑墨量越大，图像的黑色部分就越黑，特别是图像的暗调部分，但是也会因此而减少一些层次。

（3）黑版起始点。

黑版起始点决定印刷时黑色首次出现于某个网点的百分比。分色工艺包括 GCR 和 UCR 两种，不同的工艺黑版起始点不同。此外还需要根据实际情况设定黑版起始点。起始点越小，则出现黑网点的位置就越早。例如一些人物的复制，如果网线数较低时，不希望人物的脸上出现黑点，就需要将起始点设定的较大一些。

任务四　数码印刷机的校正

【知识目标】

（1）了解数码印刷机；

（2）掌握数码印刷机校正方法。

【能力目标】

掌握数码印刷机的使用与校正。

数码印刷机实现了真正意义上的一张起印、无须制版、全彩图像的一次完成，是对传统印刷的最好补充。数码印刷机按照用途的不同可分为工业用数码印刷机和办公用数码印刷机。办公用数码印刷机的代表是佳能、施乐、奥西等；工业用数码印刷机的典型代表是 HP 和柯达等。

数码印刷机具有投资极少，印刷成本低，印刷尺寸可选，印刷质量高，占用空间小，操作人员少及运行成本极低，印刷材质类型厚度选择性大等特点，有很大的投资优势。具体而言主要有以下几点：

（1）周期短、操作简单。

数码印刷无需菲林，自动化印前准备，印刷机直接提供打样，省去了传统的印版。不用软片，简化了制版工艺，并省去了装版定位、水墨平衡等一系列的传统印刷工艺过程。

（2）实现按需印刷。

面对客户突然提出的文件修改意见，传统印刷总是显得无能为力，只能在印前环节重新进行制作，这对企业和客户来说都是时间和金钱的双重浪费。但数码印刷机是直接利用数字文件进行印刷，可以实现可变数据印刷，优化了工艺流程。

（3）实现网络印刷。

数码印刷机距离"所见即所得"的目标更进了一步。数码印刷机直接利用数字文件进行印刷，促使印刷和网络更好地融合，加之较好的色彩管理系统，使得远程印刷得到了很好地发挥。

一、数码印刷机的校正原理

彩色数码印刷机的成像装置易受环境的影响而改变，如生产环境温度和湿度的影响、使用中墨粉或墨水的变化以及纸张类型和表面特性的影响等。

通过数码印刷机的校正能够稳定机器的性能，因此数码印刷机的校正十分重要，而且数码印刷机的校正需要定期与长久的进行。

数码印刷机的校正原理是基于成像装置的 CMYK 密度和代表理想性能的目标密度值的比较，通过控制软件产生一个补偿值，从而控制成像装置产生出理想的输出结果。下面以富士施乐 DocuColor 1450GA 数码印刷机为例进行介绍。

二、校正前的准备工作

1. 评估与测定生产环境的温度和湿度

数码印刷机工作时对环境的温度和湿度变化比较敏感，即当环境的温湿度与期望值相比有很大出入时，印刷品的质量也将会受到影响，因此在校正前必须通过测量的方式确定环境的温湿度，并对不符合标准的环境进行控制。

2. 检查设备的墨粉量与测定纸张的表面特性

数码印刷机在更换墨粉或纸张时都需要对设备进行重新校正，因此校正前需要准确判断各种材料的数量与类型。

3. 输出状态评估

数码印刷机需要开机半个小时，让机器的每个装置运行稳定后再进行设备的校正。同时还需要通过输出一个测试图进行设备状态的评估。如检查测试图 2% 阶调的点子，在 RGB 和 CMYK 梯尺上如果没有相应的点子或色块变化不平滑，表明需要校正设备。

三、校正过程

（1）打开数码印刷机控制器（见图 3-49）。

图 3-49　数码印刷机控制器

（2）选择【校准】命令，弹出如图 3-50 所示窗口。

图 3-50　进入校正页面

（3）在弹出的校准窗口中，选择校准的纸张类型和测量方法（见图 3-51）。

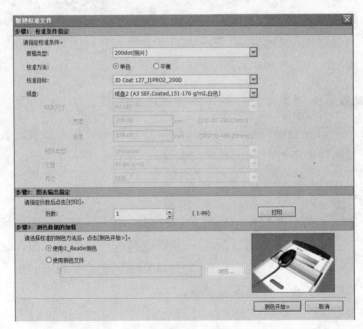

图 3-51　选择纸张和测量方法

（4）在【校准】页面，点击【继续】，出现如图 3-52 所示界面，开始打印颜色校准条。

图 3-52 打印测试条

（5）点击【继续】，进入测量页面（见图 3-53）。

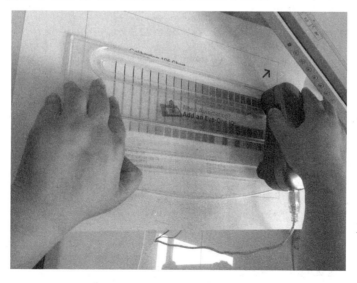

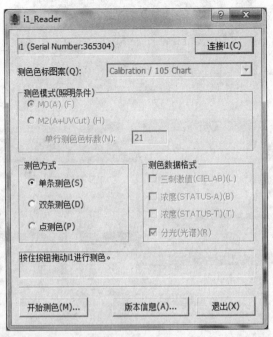

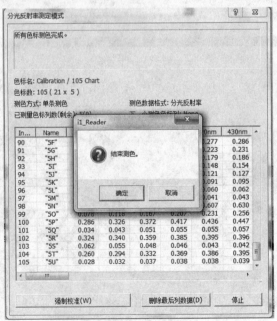

图 3-53　测量校准条

（6）测量完成后，进入校准界面（见图 3-54）。

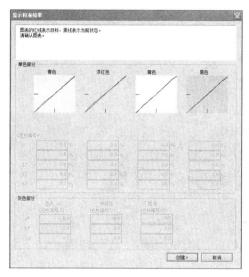

图 3-54　测量完成

（7）进入校准—分配界面—分配校正结果（见图 3-55）。

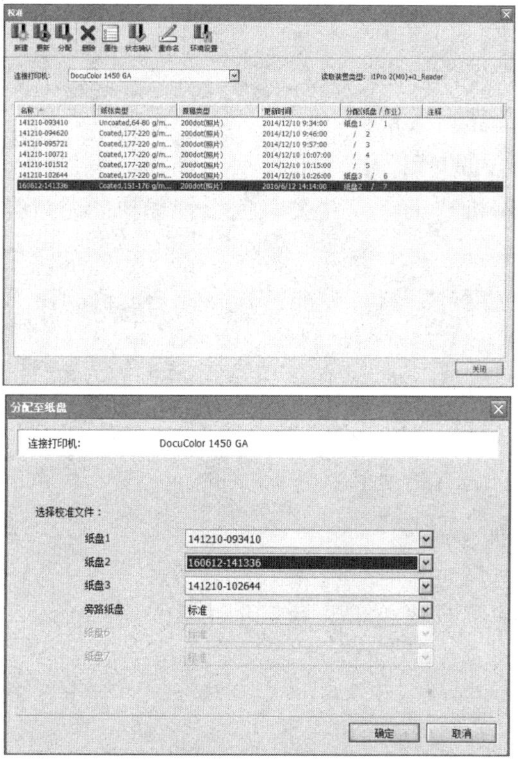

图 3-55　完成校正

任务五　施乐数码印刷机的校正与特征化实训

I. 实训目的和要求

数码印刷机是目前重要的印刷输出设备之一，但由于其特殊的工作原理，因此在色彩管理中，数码印刷机的校正是一个工作重点。本实训要求掌握：① 数码印刷机的使用；② 使用数码印刷机控制程序完成设备的校正；③ 使用专业软件，如 I1 Profiler 完成数码印刷机的特征化。

2. 实训器材

富士施乐 DocuColor 1450GA 彩色数码印刷机，分光光度计 I1 Profiler。

3. 实训步骤

（1）数码印刷机的校正。

① 打印测试条。

② 使用分光光度计完成测量。

③ 软件自动计算完成校正。

（2）数码印刷机的特征化。

① 在数码印刷机校正完成并关闭色彩管理功能的状态下，打印输出标准色表。

② 使用分光光度计，测量标准色表分光光度值；使用 I1 Profiler 制作数码印刷机特征文件（与打印机特征化完全一样）。

【复习思考题】

1. 打印机校正的目的是什么？
2. 简述打印机校正过程。
3. 叙述打印机特征化过程。
4. 简述数码印刷机的校正及特征化过程。

MO KUAI SI 模块四

色彩管理的应用

项目一 印前软件中的色彩管理

任务一 印前文件格式简介

【知识目标】

掌握印前文件的特点。

【能力目标】

掌握印前图像、图形存储的常用格式。

图形、图像处理软件通常会提供多种图像文件格式，每一种格式都有它的特点和用途。在选择输出的图像文件格式时，应考虑图像的应用目的以及图像文件格式对图像数据类型的要求。

一、图像格式

1. JPEG 格式

JPEG（Joint Photographic Experts GROUP）是由国际标准组织（International Standardization Organization，ISO）和国际电话电报咨询委员会（Consultation Commitee of the International Telephone and Telegraph，CCITT）为静态图像所建立的第一个国际数字图像压缩标准，也是至今一直在使用的、应用最广的图像压缩标准。JPEG 由于可以提供有损压缩，压缩比可以达到其他传统压缩算法无法比拟的程度。

JPEG 图片以 24 位颜色存储单个光栅图像。JPEG 是与平台无关的格式，支持最高级别的压缩，不过，这种压缩是有损耗的。压缩比率可以高达 100∶1。JPEG 压缩可以很好地处理写实摄影作品。但是，对于颜色较少、对比级别强烈、实心边框或纯色区域大的较简单的作品，JPEG 压缩无法提供理想的结果。有时，压缩比率会低到 5：1，严重损失了图片完整性。这一损失产生的原因是 JPEG 压缩方案虽然可以很好地压缩类似的色调，但是 JPEG 压缩方案不能很好地处理亮度的强烈差异或处理纯色区域。

优点：

（1）摄影作品或写实作品支持高级压缩。

（2）利用可变的压缩比可以控制文件大小。

（3）支持交错（对于渐近式 JPEG 文件）。

（4）广泛支持 Internet 标准。

（5）由于体积小，JPEG 在万维网中作为储存和传输照片的格式。

缺点：

（1）有损耗压缩会使原始图片数据质量下降。

（2）当编辑和重新保存 JPEG 文件时，JPEG 混合原始图片数据的质量会下降。这种下降是累积性的。

（3）JPEG 不适用于所含颜色很少、具有大块颜色相近的区域或亮度差异十分明显的较简单的图片。

JPEG 是一种应用很广泛的有损压缩图像格式，它广泛用于 Web、Internet 和图像浏览。当我们将图像保存为 JPEG 格式时，会使原始图片质量下降。因此，在图像编辑过程中需要以其他格式（如 PSD 格式）保存图像，将图像保存为 JPEG 格式只能作为图像制作完成后的最后一步操作。

2. PSD 格式

PSD 是 Photoshop 特有的图像文件格式，支持 Photoshop 中所有的图像类型。它可以将所编辑的图像文件中的所有有关图层和通道的信息记录下来。所以，在编辑图像的过程中，通常将文件保存为 PSD 格式，以便于重新读取需要的信息。但是，PSD 格式的图像文件很少被其他软件和工具所支持。所以，在图像制作完成后，通常需要转换为一些比较通用的图像格式，以便于输出到其他软件中继续编辑。

另外，用 PSD 格式保存图像时，图像没有经过压缩。所以，当图层较多时，会占用很大的硬盘空间。图像制作完成后，除了保存为通用的格式以外，最好再存储一个 PSD 的文件备份，直到确认不需要在 Photoshop 中再次编辑该图像。

3. TIFF 格式

标签图像文件格式（Tagged Image File Format，TIFF）是一种主要用来存储包括照片和艺术图在内的图像的文件格式。它最初由 Aldus 公司与微软公司一起为 PostScript 打印开发的。TIFF 有一个使用 LZW 压缩的选项，这是一种减小文件大小的无损技术。

无损格式存储图像的能力使 TIFF 文件成为图像存档的有效方法。与 JPEG 不同，TIFF 文件可以编辑然后重新存储而不会有压缩损失。

TIFF 格式在 MAC 中广泛应用，最大优点是图像不受操作平台的限制，无论 PC 机还是 MAC 机都可以通用；无损压缩，图像格式复杂，存储信息多。正因为它存储的图像细微层次的信息非常多，图像的质量也得以提高，故而非常有利于原稿的复制。

4. PNG

可移植网络图形格式（Portable Network Graphic Format，PNG）的名称来源于非官方的"PNG's Not GIF"，是一种位图文件（bitmap file）存储格式，读成"ping"。PNG 用来存储灰度图像时，灰度图像的深度可多到 16 位；存储彩色图像时，彩色图像的深度可多到 48 位；并且还可存储多到 16 位的 α 通道数据。PNG 使用从 LZ77 派生的无损数据压缩算法，一般应用于 JAVA 程序、网页或 S60 程序中，这是因为它压缩比高，生成文件容量小。

优点：

（1）体积小。网络通讯中因受带宽制约，在保证图片清晰、逼真的前提下，网页中不可能大范围的使用文件较大的 BMP、JPEG 格式文件。

（2）无损压缩。PNG 文件采用 LZ77 算法的派生算法进行压缩，其结果是获得高的压缩比，但不损失数据。它利用特殊的编码方法标记重复出现的数据，因而对图像的颜色没有影响，也不可能产生颜色的损失，这样就可以重复保存图像而不降低图像质量。

（3）更优化的网络传输显示。PNG 图像在浏览器上采用流式浏览，即使经过交错处理的图像也会在完全下载之前提供浏览者一个基本的图像内容，然后再逐渐清晰起来。它允许连续读出和写入图像数据，这个特性很适合在通信过程中显示和生成图像。

（4）支持透明效果。PNG 可以为原图像定义 256 个透明层次，使得彩色图像的边缘能与任何背景平滑地融合，从而彻底地消除锯齿边缘。这种功能是 GIF 和 JPEG 没有的。

5. GIF 格式

GIF（Graphics Interchange Format）的原意是"图像互换格式"。GIF文件的数据是一种基于 LZW 算法的连续色调的无损压缩格式。其压缩率一般在 50% 左右，它不属于任何应用程序。目前几乎所有相关软件都支持它，公共领域有大量的软件在使用 GIF 图像文件。GIF 图像文件的数据是经过压缩的，而且采用的是可变长度等压缩算法。GIF 格式的另一个特点是其在一个 GIF 文件中可以存多幅彩色图像，如果把存于一个文件中的多幅图像数据逐幅读出并显示到屏幕上，就可构成一种最简单的动画。

GIF 分为静态 GIF 和动态 GIF 两种，扩展名为.GIF，是一种压缩位图格式，支持透明背景图像，适用于多种操作系统，"体型"很小。网上很多小动画都是 GIF 格式。其实 GIF 是将多幅图像保存为一个图像文件，从而形成动画。最常见的就是通过一帧帧的动画串联起来的 GIF 图。

二、图形格式

I. CDR 格式（CorelDraw）

矢量图形，CorelDraw 中的一种固有格式。但 CDR 格式软件兼容性较差，它是只有 CorelDraw 应用程序能够使用的一种图形格式。

2. AI 格式

Adobe Illustrator 的固有格式，矢量图形。

三、兼容图像和图形的文件格式

I. Postscript 格式

简称 PS 格式，PS 文件是目前印前输出中应用最广泛的文件格式，受到多种软件的支持。版面文件要用于印刷，一般需转换为 PS 格式。可连接光栅化输出设备进行输出，例如激光照排机和 CTP 制版机等。

PS 格式独立于设备；PS 文件在打印和显示有着得天独厚的优势，可以达到最好的效果；PS 文件生成后不可编辑。

生成 PS 文件最简单的方法是，在您的操作系统中添加一个 PS 虚拟打印机。PS 虚拟打印机提供了一个将通用的应用软件处理完的版面文档转换为 PS 格式文件的功能。

2. PDF 格式

PDF 全称 Portable Document Format，译为"便携文档格式"。这种文件格式与操作系统平台无关，也就是说，PDF 文件不管是在 Windows、Unix 还是在苹果公司的 Mac OS 操作系统中都是通用的。这一特点使它成为在 Internet 上进行电子文档发行和数字化信息传播的理想文档格式。目前，越来越多的电子图书、产品说明、公司文告、网络资料、电子邮件开始使用 PDF 格式文件。

Adobe 公司设计 PDF 文件格式的目的是为了支持跨平台的，多媒体集成的信息出版和发布，尤其是提供对网络信息发布的支持。为了达到此目的，PDF 具有许多其他电子文档格式无法相比的优点。PDF 文件格式可以将文字、字型、格式、颜色及独立于设备和分辨率的图形、图像等封装在一个文件中。该格式文件还可以包含超文本链接、声音和动态影像等电子信息，支持特长文件，集成度和安全可靠性都较高。

PDF 文件使用了工业标准的压缩算法，通常比 PostScript 文件小，易于传输与储存。它还是页独立的，一个 PDF 文件包含一个或多个"页"，可以单独处理各页，特别适合多处理器系统的工作。此外，一个 PDF 文件还包含文件中所使用的 PDF 格式版本，以及文件中一些重要结构的定位信息。正是由于 PDF 文件的种种优点，它逐渐成为出版业中的新宠。

PDF 格式优点：

（1）阅读方便：通过免费的 Acrobat Reader 软件，接件人可以从任何电脑上观看，浏览和打印 PDF 文件。

（2）特别适合打印：PDF 文件以 PostScript 语言图像模型为基础，无论在哪种打印机上都可保证精确的、颜色准确的打印效果。PDF 将忠实地再现你原稿的每一个字符、颜色以及图像。

（3）特别适合屏幕上阅览：不管你的显示器是何种类型，PDF 文件精确的颜色匹配保证忠实地再现原文。PDF 文件可以放大到 800% 而丝毫不损失其清晰度。

（4）高效的浏览：创建 PDF 者可以加入书签，Web 链接来使 PDF 文件容易浏览，读者可以直接使用电子化的便签、高亮显示、下划线等来对 PDF 文件进行标注。观看时，读者可以放大和缩小文件以适应屏幕和自己的视觉。

（5）加密特性：让你能够控制机密文件的访问权限。

（6）跨平台：PDF 是独立于软件、硬件和创建的操作系统。举个例子：即可以从 UNIX 的网站下载一个由苹果机（Macintosh）操作系统创建的 PDF，然后在 Windows 中阅读。

（7）PDF 文件可以在任何介质上进行发布：通过打印，附加到电子邮件上、公司服务器上、因特网站上或在 CD-ROM 上。

（8）压缩的 PDF 文件比源文件小，每次下载一页，可以在网页上快速显示，而且不会降低网络速度。

就目前的发展趋势而言，PDF 是最有前途的文件格式。PS 格式文件太大，不便于拷贝，且生成之后便不可编辑。PDF 将所有的文字、字体、图形和图像等信息进行封装，文件小，方便进行网络传输，实现异地印刷。

PDF 文件是一种跨平台文件格式，可在各种机型和操作系统上运行。即 PDF 文件可以不依赖操作系统的语言、字体及显示设备，浏览起来很方便。并且每个页面都可以单独存在。

对普通读者而言，用 PDF 制作的电子书具有纸版书的质感和阅读效果，可以"逼真地"再现原书的原貌，而其显示大小可任意调节，给读者提供了个性化的阅读方式。

PDF 生成和阅读：Adobe Acrobat；PDF 编辑和制作：Adobe Illustrator。

3. EPS 格式

EPS 格式 PC 机上较少使用，MAC 机上的使用较多。它可以用于存储矢量图形，几乎所有的矢量绘制和页面排版软件都支持该格式。在 Photoshop 中打开其他应用程序创建的包含矢量图形的 EPS 文件时，Photoshop 会对此文件进行栅格化，将矢量图形转换为位图图像。

任务二　Adobe Photoshop 中的色彩管理

【知识目标】

掌握图像处理软件 Photoshop 中的色彩管理设置参数的意义。

【能力目标】

掌握正确设置图像处理软件 Photoshop 中色彩管理参数的方法。

Adobe 的 Photoshop 软件作为印前图像处理工作中最著名的图像处理软件，其强大的图像处理功能具有不可替代的地位。同时 Photoshop 软件也是现有的印刷图像处理软件中应用色彩管理技术最完整的软件系统。

l. 颜色设置

"颜色设置"是 Photoshop 的色彩控制指挥中心。启动 Photoshop，选择 "编辑/颜色设置"，打开 "颜色设置" 控制面板（如图 4-1），点击 "更多选项" 后就可以看到全部面板，如图 4-2 所示，从上到下分别有 5 个板块区域，分别为 "设置、工作空间、色彩管理方案、转换选项和高级控制"。应该如何设定，接下来将会一一按顺序来介绍。

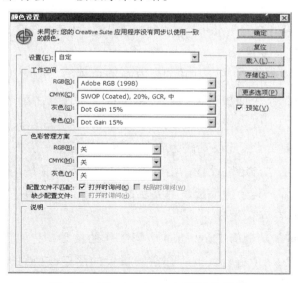

图 4-1　Photoshop 中的颜色设置

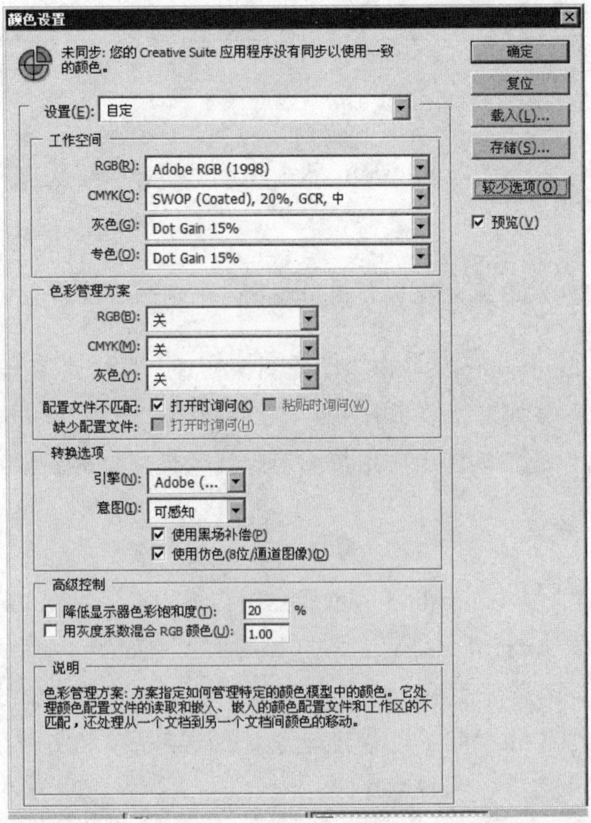

图 4-2　Photoshop 中的颜色设置一【更多选项】

（1）"自定"设置。

它是整个设置的目录，打开下拉菜单会出现一列预置好的选项，如果选中任何一项，整个面板下面的四大板块都会出现与之配套的全部选项。对于对色彩管理不太熟悉的初级用户，建议使用"北美印前默认设置（有些显示北美印前 2）"，此设置较为专业，能够取得稳妥、安全的使用效果。

如果选择了"自定"设置，则可进行自主设定，更好地实现个人意图。设置自定板块后，其余四大板块都要自己来设定（见图 4-3）。

（2）"工作空间"设置。

"工作空间"是全部 Photoshop 色彩工作的核心，它规定操作必须在一个特定的色彩区域中进行。此工作空间设置的图像改换到彼工作空间，图像的色彩就会发生变化。

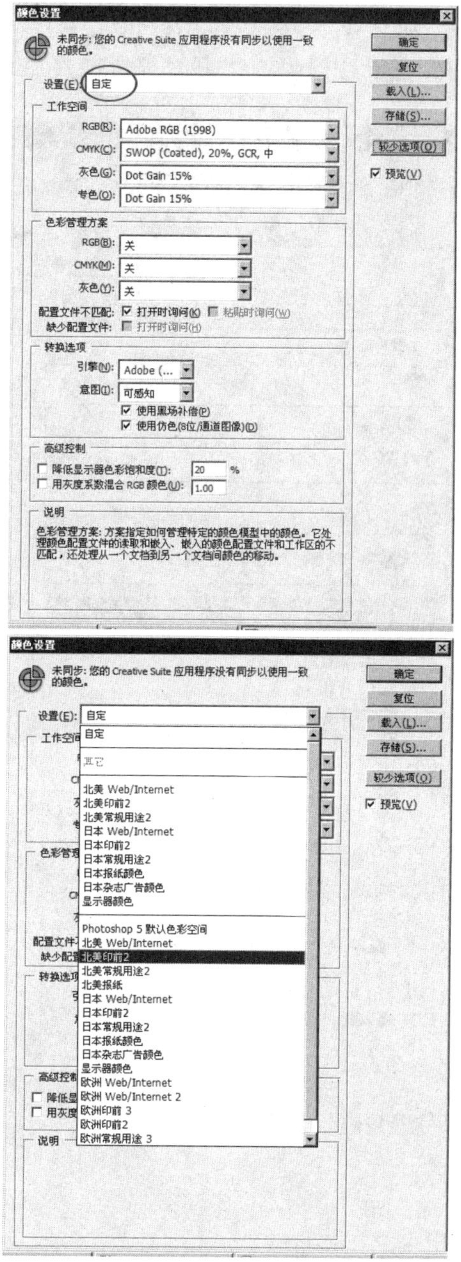

图 4-3　自定设置

工作空间中有四个小项可供修改：

① RGB 空间设定，其中 Adobe RGB 使照片能够适合高档印刷的需要。如果为激光输出照片和一般打印，可以选 "sRGB IEC61966-2.1"；仅仅是观

看或网上传输，可选"显示器 RGB"（见图 4-4）。如果使用"显示器 RGB"修图，而照片最终又被用于高档印刷，那么很可能产生色彩失真的情况。

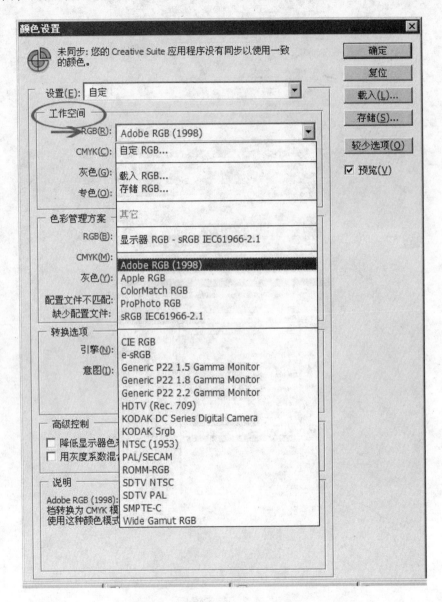

图 4-4　工作空间—【RGB 设置】

② CMYK 空间设定。它的设置较为复杂，在没有印刷厂 ICC 的情况下，建议设置为 U.S.Web coated（swop）v2，这是北美高档印刷的设置（见图

4-5）。如果想得到更好的印刷效果，可以到印刷厂拷贝其标准的 ICC 特性文件，并复制到 C：\WINDOWS\ system 32\spool\drivers\color"，再在 CMYK 选项中进行载入。

图 4-5　工作空间——CMYK 设置

③"灰色"空间设定。可以自定义，一般苹果机选择 Gray Gamma 1.8，

PC 机选 Gray Gamma 2.2，（见图 4-6 ）。

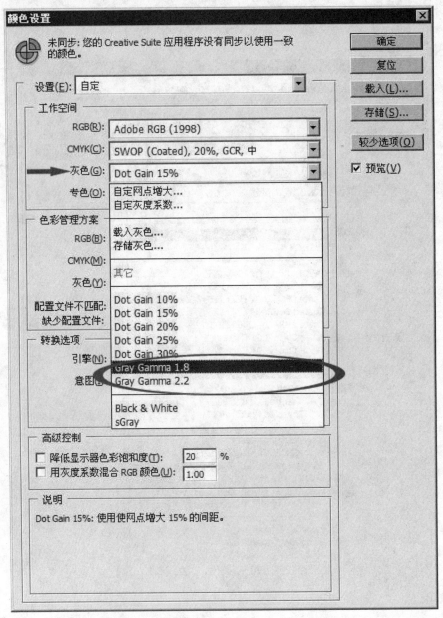

图 4-6　Gamma 值

④ "专色" 空间设定。专色模式下的工作空间通过网点扩大特征进行设置，可以按照实际情况自定义，北美标准为 20%，（见图 4-7）。

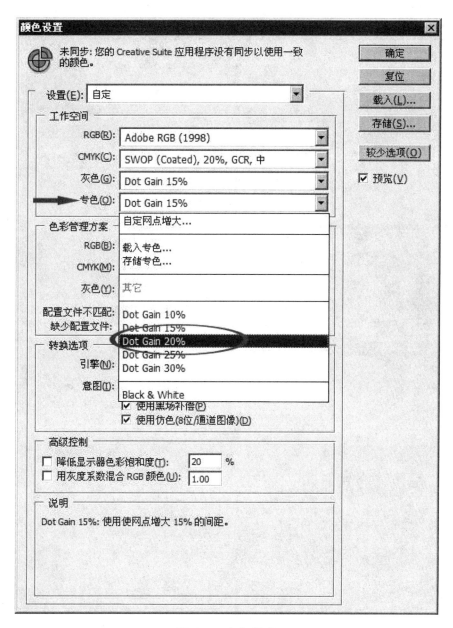

图 4-7　专色设定

（3）"色彩管理方案"设置。

该设置能够为后期色彩管理提高效率，对图像设定色彩空间、自动转换、提示、警告等几项内容，（见图 4-8）。分别说明以下五项：

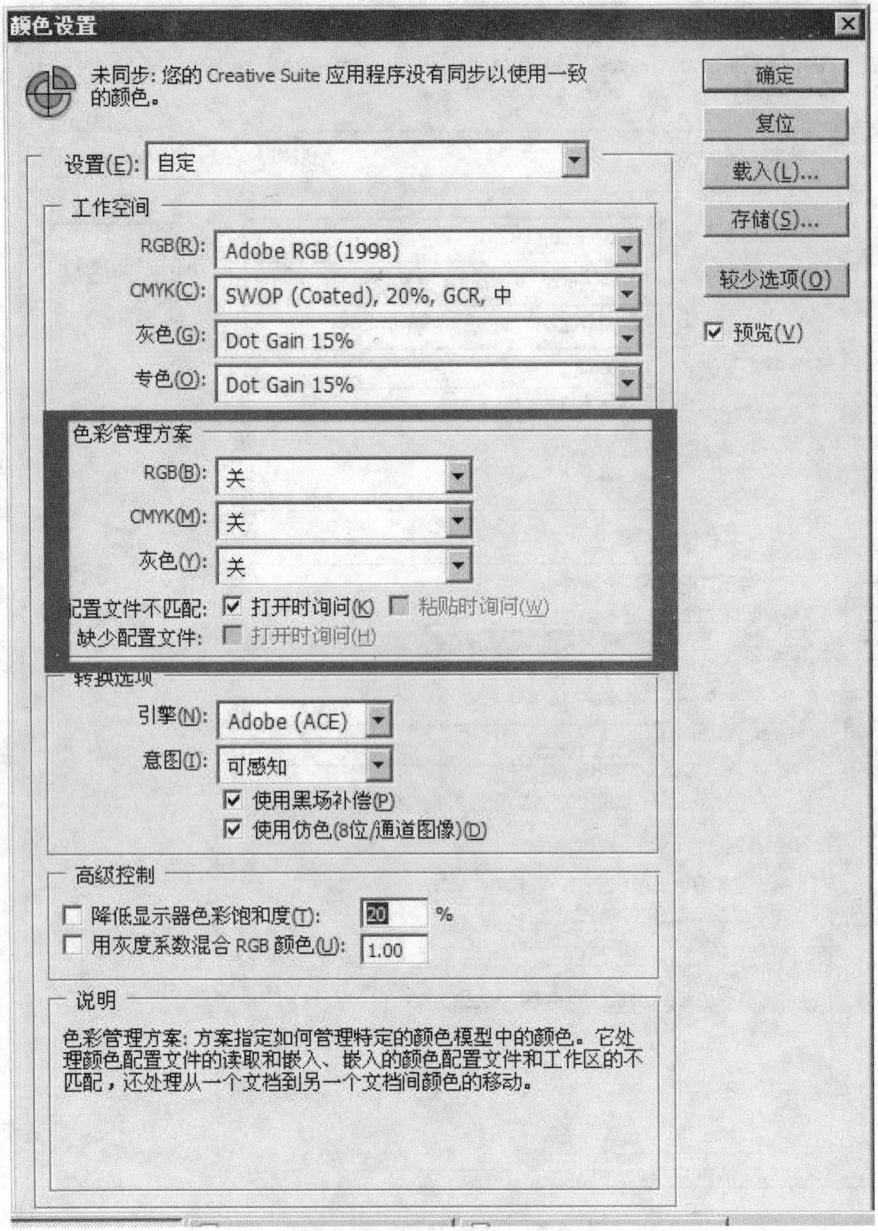

图 4-8　色彩管理方案

① 若把 RGB 设为 "转换为工作中的 RGB"，则把文档的配置文件转换为 Photoshop 中设置的配置文件，（见图 4-9）。

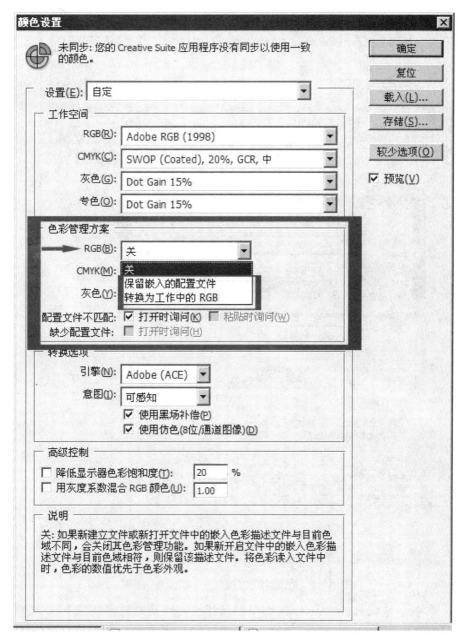

图 4-9　色彩管理方案—RGB 空间

　　② 若把 CMYK 设定为"保留嵌入的配置文件"，则保留图像文件本身
的配置文件，（见图 4-10 ）。

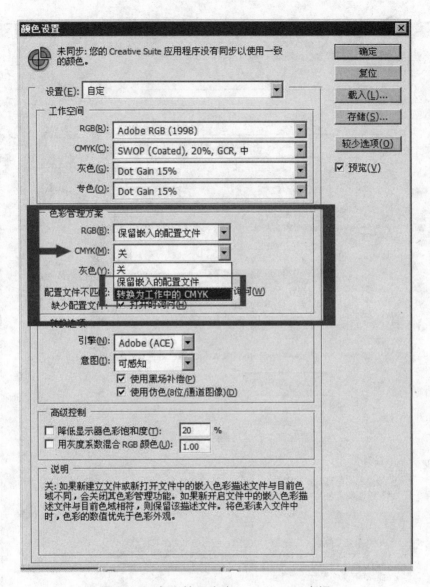

图 4-10　色彩管理方案——CMYK 空间

③ 灰色建议选择"关",因为黑白照片自动转换的效果往往不佳,通常都需对灰度照片的影调重新调整,(见图 4-11)。

④⑤⑥ 是打开文件、粘贴文件的提示,建议除"粘贴时询问"以外,其余都勾选。

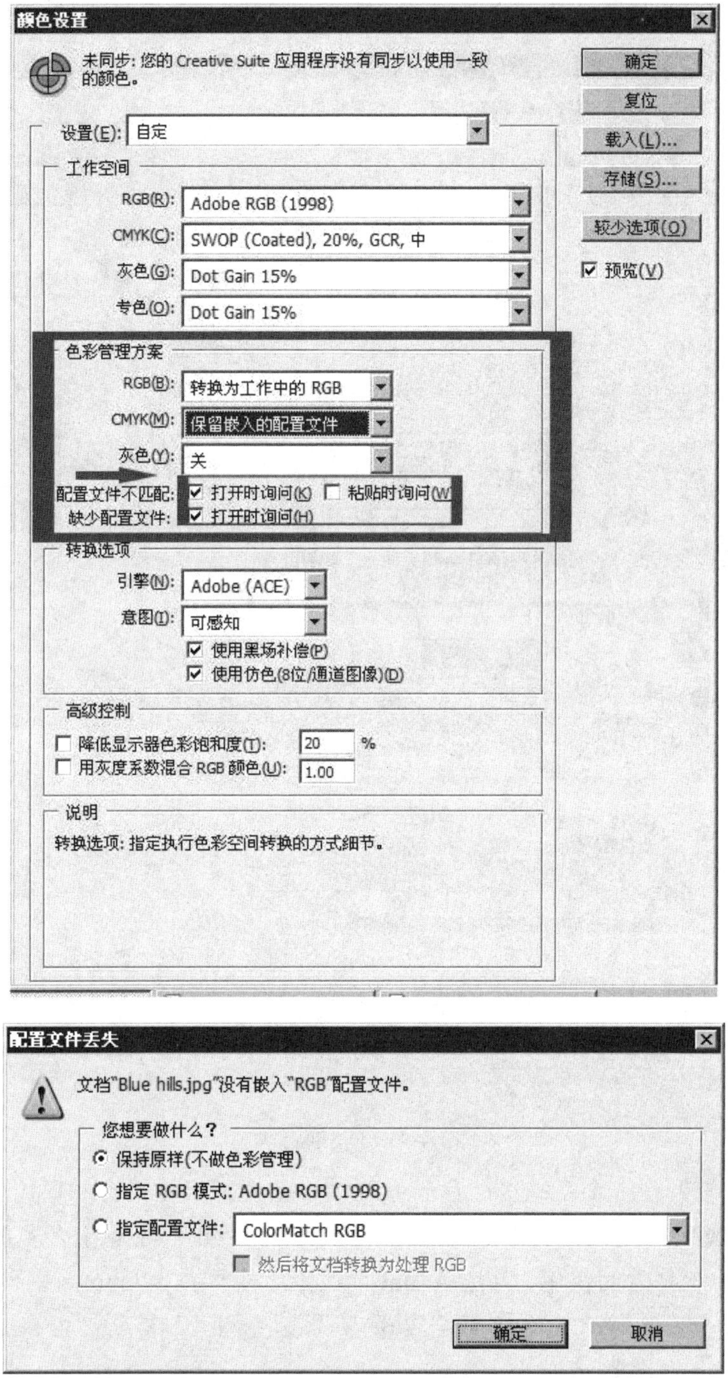

图 4-11 缺少配置文件和配置文件不匹配时提醒

（4）转换选项（见图 4-12）。

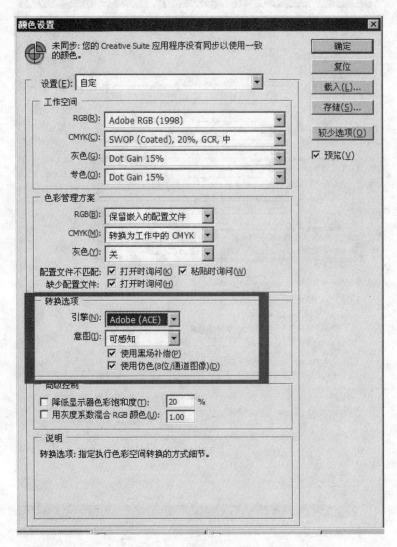

图 4-12　转换选项

"引擎"是一个系统级的色彩管理模，整合了工作平台和应用软件。选择这个选项首先要清楚你使用和与之交流的工作平台是什么。假如都在 Adobe 的软件之间使用，首选 Adobe（ACE）；如果在 Windows 平台下工作，可以选 Microsoft/CMM；而全部在苹果系统上工作，就可以选 Apple Colorsynic，（见图 4-13）。

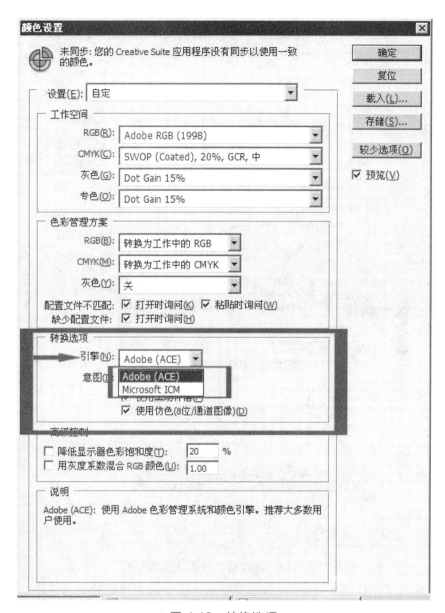

图 4-13　转换选项

　　"意图"可以理解为色彩代替方案或者色彩压缩方案。由于在原设备呈现的色彩不可能 100% 在目的设备中复制，必然会引起一些损失，损失的方法是用其他相邻的色彩代替。"意图"就是准备指定用哪个色彩来代替，（见图 4-14）。具体内容参照模块二，这里就不再赘述。

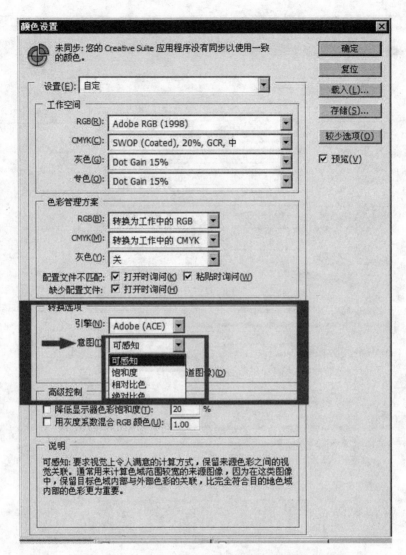

图 4-14　转换选项—【转换意图】

　　勾选"使用黑场补偿"，该选项能使原文件达到较好的黑色还原。勾选
"使用 8 位通道图像"，可以使各通道层次过渡平滑连续，防止图像中出现
台阶或断带。

　　（5）"高级控制"选项。

　　"高级控制"只有两项可选，一个是"降低显示器色彩饱和度"，其后
面有可以定义的数值框，这是一个在显示色域较小的显示器上能够显示较
多和较大的色彩范围的一个设定。如试图用 sRGB 来显示 AdobeRGB，勾选

该选框，并且在数值里填入 15～20 的时候，反复勾选"预览"，可以看到取消时色彩较鲜艳，勾选时色彩较灰，但层次稍稍丰富，一般应勾选，具体数值主要靠目测；另一个是"用灰度系数混合"，是指在 Gamma 1.0 的密度时，RGB 的个性混合时能够体现出中性灰度，它可以帮助我们完成色彩平衡，使混色自然，应该勾选该框（见图 4-15）。

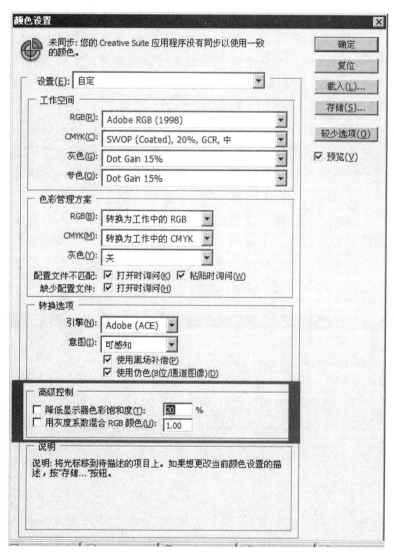

图 4-15　高级控制

可以把经过以上慎重设定的管理方案存储起来，存储的文件后缀为

CSF，文件存储在 C：\Program Files\Common Files\Adobe\Color\ Profiles 中，可以方便随时"载入"调取使用。

2. 指定配置文件

指定配置文件的方式可通过 Photoshop 软件观察出不同的输出环境下输出图像的颜色变化，并通过图像处理与编辑实现图像色彩的调节。使用此命令时，可以看到图像由于所指定的设备特征文件的不同，而出现色彩的转变，但这种方式并不是通过转换图像源数据的方式实现的，其仅仅是利用设备特征文件，结合显示器特征文件，在 Photoshop 软件中模拟设备表现色彩的方式。

三个选项的意义分别为：第一种情况是指图像文件不需要进行色彩管理；第二种情况是将图像文件以 RGB 或者 CMYK 工作空间中的色彩模式进行模拟；第三种情况是将图像文件以指定的设备特征文件的色彩空间进行模拟，即模拟图像在指定设备上复制的颜色，如图 4-16 所示。

值得注意的是，图像文件经过此方式，图像的显示效果会发生明显变化，但是图像源颜色值并不发生变化。因此，如果用户需要获得图像输出的实际变化效果时，就必须对图像数据进行转换，即通过以下的"转换为配置文件"的方式来真正获得输出的颜色效果。

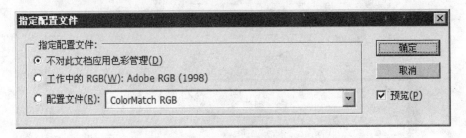

图 4-16　指定配置文件

3. 转换为配置文件

转换为配置文件的方式，可通过 Photoshop 软件将图像文件的色彩转换为不同输出设备下的图像颜色数据，从而实现图像色彩在不同的输出设备复制效果的一致性，如图 4-17 所示。使用此命令时，可以看到由于所指定的设备文件的不同，而出现图像上像素点的颜色值的变化，但图像的显示效果却几乎不发生变化。这种方式实现图像在不同设备特征下的输出控制。

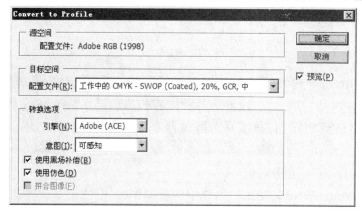

图 4-17　转换为配置文件

任务三　Adobe Acrobat 中的色彩管理

【知识目标】

（1）了解 Adobe Acrobat 软件；

（2）Acrobat 8.0 中的色彩管理设置参数的意义。

【能力目标】

掌握正确设置 Acrobat 软件中色彩管理参数的方法。

一、Acrobat 8.0 简介

Adobe Acrobat 是一款由 Adobe 公司发布的 PDF 制作软件，借助 Acrobat，我们几乎可以使用便携式文档格式（Portable Document Format，PDF）出版所有的文档。PDF 格式的文档能如实地保留原来的面貌和内容，以及字体和图像。这类文档可通过电子邮件发送，也可将它们存储在 WWW、企业内部网、文件系统或 CD-ROM 上，供其他用户在 Microsoft Windows、Mac OS 和 LINUX 等平台上进行查看。由于该格式使用 Adobe 公司开发的 PostScript 页面描述语言，使得页面中的文字和图形的质量得到质的飞跃。无论是使用 PDF 文档进行网上阅读，还是打印、印刷出版，Adobe Acrobat

都能给出最好的效果。

Acrobat 8.0 功能：

1. 扫描至 PDF、转换 PDF 文档

使用 Acrobat 内置的 PDF 转换器，可以将纸质文档、电子表单 Excel、电子邮件、网站、照片、Flash 等各种内容扫描或转换为 PDF 文档。

（1）扫描至 PDF：扫描纸质文档和表单并将它们转换为 PDF。利用 OCR 实现扫描文本的自动搜索，然后检查并修复可疑错误；还可以导出文本，在其他应用程序上重用它们。

（2）Word、Excel 转 PDF：集成于微软 Office 中使用一键功能转换 PDF 文件，包括 Word、Excel、Access、PowerPoint、Publisher 和 Outlook 。

（3）打印到 PDF：在任何选择 Adobe PDF 作为打印机进行打印的应用程序中创建 PDF 文档。AcrobatX 能捕获原始文档的外观和风格。

（4）HTML 转 PDF：在 IE 或 Firefox 中单击即可将网页捕获为 PDF 文件，并将所有链接保持原样；也可以只选择所需内容，转换部分网页。

2. 编辑 PDF，将 PDF 转换为 Word、Excel，打印 PDF

（1）快速编辑 PDF 文档：在 PDF 文件中直接对文本和图像进行编辑、更改、删除、重新排序和旋转。

（2）PDF 转 Word、Excel：将 PDF 文件导出为 Microsoft Word 或 Excel 文件，并保留版面、格式和表单。

（3）快速打印 PDF：减少打印机错误和延迟。主要用于预览、印前检查、校正和准备用于高端印刷制作和数字出版的 PDF 文件。

3. 创建富媒体 PDF 文件

将电子表单、网页、视频等内容制作成一个经过优化的 PDF 文档，从而提升其效果，轻松自定义 PDF 包，突出个人的品牌形象和风格。

4. 编辑 PDF

（1）编辑文本和图像。
使用新的点击界面更正、更新并增强 PDF。
（2）重排页面上的文本。

通过插入新文本或拖放并调整段落大小来重排页面上的段落文本。

（3）查找和替换。

在整个文档中查找和替换文本。

5. 创建并合并 PDF

（1）用于合并文件的缩略图预览。

在将多个页面合并为一个 PDF 之前，使用新的缩略图来预览并重新排列这些页面。

（2）Microsoft Office 2010。

仅需单击一次，即可从适用于 Windows 的 Microsoft Office 2010 应用程序中创建 PDF 文件。

二、Acrobat Distiller 中的设置

PDF 文件格式全名是 Portable Document Format，中文为可携带文件格式。PDF 是将原本输出的 PostScript 精减为页面的数据库，可以将原文件内的字体、图像、矢量图案转换成适合多种用途的文件格式。也就是说，同一文件可被应用于不同的输出方式，例如数码打样、拼大版、输出菲林、CTP（直接制版）、数码印刷、网上传送、浏览及电子书籍等。

现在 PDF 文件格式越来越通用，Acrobat 软件的色彩管理也变得越来越重要了。要在 PDF 文件中运用色彩管理，必须知道如何产生或转换 PDF 档案。产生 PDF 的方法有多种，包括：① 使用 PDF Writer 的工具；② 不同的应用软件如 PhotoShop、PagerMaker、FreeHand 等直接产生；③ 将原本的文件于打印过程中产生；④ 将文件输出成 PostScript，再用 Acrobat Distiller 产生；⑤ 使用一些专门软件如 PDF Creator 去产生；⑥ 使用高级输出的 RIP 去产生。第①种方法生成的 PDF 不支持色彩管理，第②及第③种方法是有限度的支持色彩管理，第④至第⑥种方法是比较完善的支持色彩管理。

PDF 的色彩管理，首先需要在 Acrobat Distiller（采用的版本为 Adobe Acrobat 8.0 Professional）中设定。

（1）从 Acrobat Distiller 的【设置】菜单下选择【编辑 Adobe PDF 设置】，弹出作业选项面板，（见图 4-18）。

（2）在其中的【一般】选择面板中的兼容性选择 Acrobat 4.0，不用选择比 4.0 还低的版本，因为 Acrobat 从 4.0（PDF1.3）以后才支持 ICC 色彩管理，（见图 4-19）。

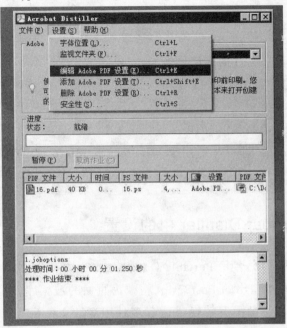

图 4-18　Acrobat Distiller 中的设置

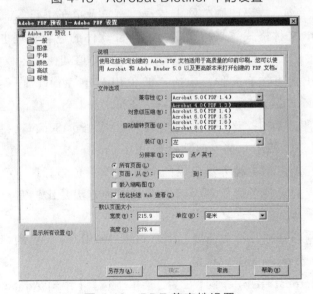

图 4-19　PDF 兼容性设置

（3）在【图像】面板中，选择你想要的图像分辨率，电脑显示可选择72 dpi 以上，印刷需求必须保证在 300 dpi 以上，（见图 4-20）。

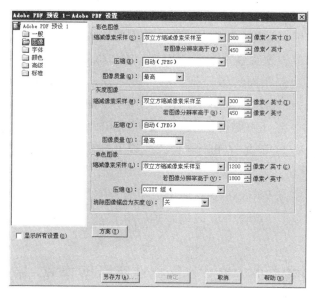

图 4-20　图像分辨率设置

（4）在【颜色】面板中，有一些预设的设置文件可以选择，也可以自己定义设置，即选择"设置文件"为"无"进行自定义设置文件，（见图 4-21）。

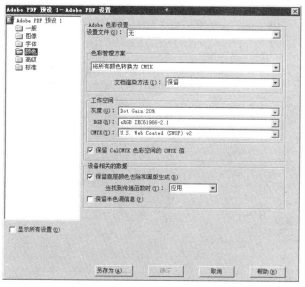

图 4-21　色彩管理方案设置

在色彩管理方案的选项中共有四项选择：①"保留未更改的颜色"是转换 PDF 文件时，保留所有数值不变，如知道下一个工序已设定好色彩管理模式，可选用此选项。②"为色彩管理标签全部"是保留所有数值不变，但将工作空间中所选定的 ICC Profile 按需要嵌入 PDF 文件内，方便下一个工序的工作人员知道文件来源的 ICC Profile。③"为色彩管理仅标签图像"与上一个选项功能相同，但只是影响位图部分，文字及外框图形则没有影响。如页面内的图像是 RGB 模式，而文字及外框图形是 CMYK 模式，又或者是要求文字部分不要转换色彩，则可选用此选项。④"将所有颜色转换为 sRGB"是 PDF 文件用于网页或一般电脑展示。因为这个选项转换成的 PDF 档案较小，方便传送。

映射方法就是 Photoshop 软件中色彩管理的压缩转换意图，映射方法及工作空间设置参照 Photoshop 的色彩管理设置。

三、Adobe Acrobat 8.0 软件本身的设置

将 Acrobat 软件本身的色彩管理设置好，在 Acrobat 软件【编辑】/【首选项】/【一般】中找到【色彩管理】，将其也参照 Photoshop 的色彩管理设置好，如图 4-22 所示。

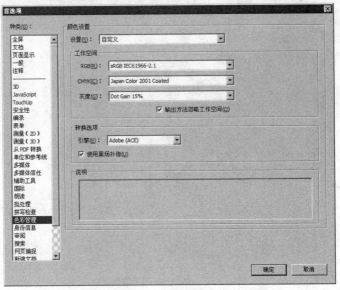

图 4-22　Acrobat 软件本身的设置

【复习思考题】

1. 印前常用图像存储格式有哪些？有何特点？
2. 简述 Photoshop 软件中的色彩管理过程。
3. 简述 Acrobat 中的色彩管理过程。

项目二　屏幕软打样

任务一　屏幕软打样原理

【知识目标】

掌握屏幕软打样的工作原理。

【能力目标】

掌握屏幕软打样的技术要点。

一、屏幕软打样的工作原理

首先，在印前制作过程中，为了避免在某个环节出现错误，必须参照输出样张对分色效果和层次再现进行检查。其次，在实际印刷过程中，要与客户建立最终印刷效果的验收标准，避免印刷错误，减少印刷风险和成本。因此，在彩色复制技术中出现了许多不同的打样技术。

随着彩色复制技术的发展，承印材料种类的多样化，传统打样技术不能满足实际生产的需要；同时传统打样技术还存在着工序复杂、制作周期长、生产效率低等缺陷，因此，一些新型的打样技术应运而生。这些技术将色彩管理技术应用于彩色复制工艺中，利用简单设备完成打样过程，屏幕软打样就是其中典型的一种。

所谓屏幕软打样，就是在屏幕上仿真显示印刷输出效果的打样方法，是除了在纸张上打样以外的另一种打样技术。它通过对显示器进行色彩校正和色彩管理，使显示器之间显示效果达到一致，同时使显示器显示的色彩与印品的颜色再现效果达到一致。屏幕软打样具有直观方便、快捷灵活、节约成本、提高生产效率的优点。

屏幕软打样的关键在于屏幕的精确校准和整个系统的色彩管理。屏幕校正就是对显示器进行校正，其过程参照模块三中的项目二。色彩管理系统将显示器色彩空间和打印机、印刷机色彩空间的颜色之间进行仿真转换。

屏幕软打样通过专业软件，结合设备特征文件和显示设备校正，完成图像色彩在显示器上的模拟。彩色图像经过色彩管理技术，调用显示器特征文件与输出设备特征文件，借助与设备无关的色彩模式 Lab，找出彩色图像数据与输出设备、显示器颜色信息的对照关系，从而在显示器上正确还原输出设备的彩色效果。其工作原理如图 4-23 所示。

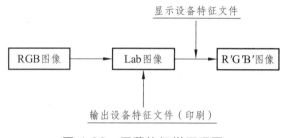

图 4-23　屏幕软打样原理图

二、屏幕软打样的技术问题

首先，屏幕软打样实现的前提是必须具备高质量的显示器，并且要求所使用的阴极射线管显示器和液晶显示器的尺寸不能小于 17 英寸，分辨率不低于 1 024×768 dpi。近年来，随着显示器技术的不断发展，以及液晶显示器能耗低、辐射低、显色性稳定性高、价格不断下降的优势，液晶显示器已逐步成为软打样采用的主流显示器。

其次，要注意周围环境对屏幕的影响以及显示器的校正。显示器校准就是将显示器调整到标准状态的过程，是实现屏幕软打样的基础。校正后显示器的显示特性符合其自身设备描述文件中设置的理想参数值，使显卡依据图像数据的色彩资料在显示屏上准确显示色彩。

再次，屏幕软打样系统应与系统所使用的色彩管理系统相匹配。

总之，屏幕软打样依赖于显示器、显示器特征文件、输出设备的特征文件的质量，同时还受到环境光的影响。只有在这些相关因素稳定的情况下，才能获得比较好的打样效果。

任务二　典型的屏幕软打样系统

【知识目标】

了解印刷系统中典型的屏幕软打样系统。

【能力目标】

了解印刷系统中屏幕软打样的实现方法。

一、X-rite 公司的 Monaco 系统

Manaco 系统是屏幕软打样系统中的一个组分。Manaco 系统由三部分组成，一部分是显示器校准软件包，如 Manaco View，可确保显示器精确显示颜色；一部分是 Manaco Proof，能够生成显示器和扫描仪的设备特征文件；另一部分是 Manacomatch，它是一套能使显示器校准、颜色校正和印刷机特征相一致的系统。

二、Kodak 公司的 Matchprint 系统

Kodak 的 Matchprint 软打样系统通过 Apple Cinema Display 和 Matchprint 虚拟系统（Matchprint Virtual System）独特的 KPG 色彩理论，实现 CMYK 色彩打样精确、色彩一致的显示效果。同时，Kodak 还提供采用苹果电脑公司技术的 press-side 软件打样系统，可以有效地减少打印机的准备时间和成本。

三、方正公司的 ColorFlow MPB 系统

方正公司使用了 Kodak 公司的 ColorFlow MPB 软件作为屏幕的基础校正，即将显示器调整到标准的 Gamme 值和色温值，最终生成一个符合标准的显示器特征文件。

四、Agfa 公司

Agfa 公司的 IntelliPrep 脱机 RIP 工作站是将屏幕打样系统集成进数字印刷机 Chromapress 中，系统生成低分辨率的预视文件用于印刷工人和客户查看，同时这些文件还可以被压缩传送到远程的工作端，供工作人员浏览和印刷。Agfa 公司还开发了 Personlizer-X 产品，有助于 Chromapress 生成变化数据的文件。若将变化的数据加入到文件中，可以在屏幕上查看文件的变化。

任务三　使用 Photoshop 软件完成屏幕软打样

1. 实训目的和要求

掌握屏幕软打样的工作原理，掌握使用 Photoshop 软件完成屏幕软打样。

2. 实训内容和原理

显示器是印刷工艺流程中的一个特殊的设备，相对于输出设备（打印机、印刷机）而言，显示器是输入设备，相对于数码相机等输入设备而言则是输出设备。因此显示器显示颜色的正确性对于色彩再现质量十分重要。本实验通过专业软件的使用，结合测量仪器完成显示器的校正与特征化。

3. 实训器材

计算机，Photoshop 软件。

4. 实训步骤

打开 Photoshop 软件，点击视图（View），通过校样设置（Proof Setting）命令来设置屏幕软打样要模拟的实际色彩空间及色彩转换控制参数，（见图4-24）。

校样设置中，可以根据用户需求进行自定义（见图 4-25）。如果用户要经常使用自定义的软打样设置，可以通过"Save"保存在一个 PSF 格式的文件中，以后需要时可以通过"Load"调用。通过在显示器上显示一个文件的多个副本窗口，可以同时模拟该文件在不同输出条件下的效果。

图 4-24　屏幕软打样界面

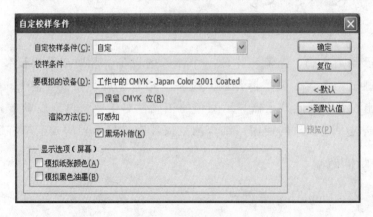

图 4-25　Photoshop 中自定义校样设置

（1）配置文件设置。

配置文件设置，即对要模拟的目标设备色彩空间进行选择。只要目标设备特征文件被存放在计算机操作系统的系统文件夹中，就可以被调用模拟。

（2）渲染方法。

渲染方法规定了从大色域设备色彩空间转换到小色域设备色彩空间的方式。Photoshop 支持 ICC 标准所提出的四种色彩转换方式，即可感知、饱和度、相对色度、绝对色度，（见图 4-26）。

图 4-26　Photoshop 中自定义校样渲染方法设置

（3）使用黑场补偿。

黑场补偿选项用于控制与调整从图像原设备色彩空间转换到目标设备色彩空间过程中的黑场差异。勾选此项，即将图像源设备色彩空间映射到目标设备色彩空间，源设备色彩空间的整个动态范围也被映射到目标设备色彩空间，避免了图像层次的损失。

（4）模拟设置。

此项用于控制从打样目标色彩空间到显示器色彩空间的色彩转换。模拟纸张颜色选项，将采用绝对色度匹配方式进行色彩转换。这种方式可以在显示器上模拟现实由目标设备特征文件所定义的实际承印物的底色，以及底色对图像颜色的影响。勾选此项，则模拟黑色油墨将被自动核准且变灰，（见图 4-27）。勾选模拟黑色油墨选项时，可精确保留暗调部分细节。

如果不核准纸张和油墨选项，将根据相对色度匹配方式进行转换，同时将核准"黑场补偿"，这意味着目标设备色彩空间的黑场和白场分别采用显示器的黑场和白场来再现。

图像处理软件 Photoshop 通过软打样的功能可真实地在显示器上观察到图像输出后的效果，从而提高色彩复制的一致性。

（5）存储。

自定义校样设置只有在同一类设备的色彩空间进行转换与模拟时才有效。此时图像文件的像素值不变，相当于没有进行色彩转换。如果在不同设备的色彩空间进行转换，这时可以将文件保存为 EPS 格式，通过嵌入校样设备特征文件的方式进行色彩转换，从而尽量保证图像色彩的一致性，（见图 4-28）。

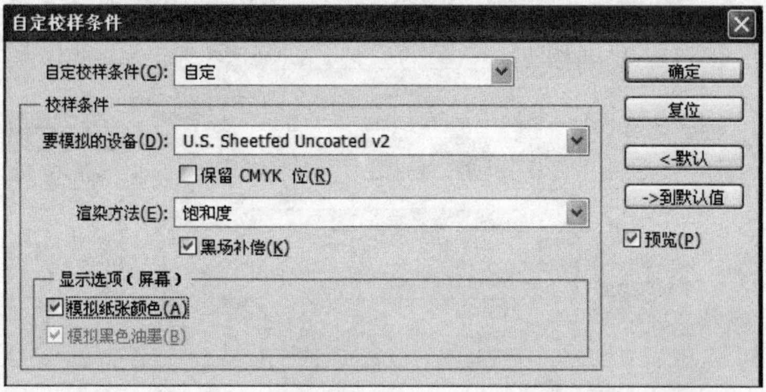

图 4-27　Photoshop 中自定义校样设置中的模拟设置

图 4-28　保存校样设置信息

　　图像处理软件 Photoshop 通过软打样的功能，可真实地在显示器上观察到图像输出后的效果，从而提高色彩复制的一致性。

5. 实验数据及分析

屏幕软打样显示结果与原图结果的差异。

【复习思考题】

1. 说明屏幕软打样的工作原理。
2. 简述用 Photoshop 软件完成屏幕软打样的工作原理。

项目三　数码打样

任务一　数码打样原理

【知识目标】

掌握数码打样的工作原理。

【能力目标】

掌握数码打样的技术要点。

一、数码打样工作原理

印刷厂或打样公司给制版部门或公司提供的胶片或电子文件，制作印刷样品的过程称为打样。客户对印刷样品的版式设计、印刷质量进行检查并签字确认的过程称为签样。签样完成以后，印刷厂才开始印刷。

打样是印刷生产流程中联系印前与印刷的关键环节，也是印刷生产流程中进行质量控制和管理的一种重要手段，对控制印刷质量、减少印刷风险与成本极其重要。打样既能作为印前的后工序来对印前制版的效果进行检验，又能作为印刷的前工序来仿真印刷进行试生产，为印刷寻求最佳匹配条件和提供墨色标准。因此，打样不仅可以检查设计、制作、出片、晒版等过程中可能出现的错误，还能为印刷提供生产依据，成为用户的验收标准。

数码打样技术与数字印刷技术相类似，着眼于检查数字作业流程的结果在实际印刷的表现，为最终印刷提供技术依据。随着色彩管理技术的成熟，数码打样结果与传统打样的效果已经越来越接近。

数码打样是以数字出版印刷系统为基础，利用同一页面图文信息（RIP数据）由计算机及其相关设备与软件来再现彩色图文信息印刷后的效果。

目前数码打样系统由数码打样输出设备和数码打样控制软件两个部分构成。其中数码打样输出设备是指任何能以数字方式输出的彩色打印机，如彩色喷墨打印机、彩色激光打印机、彩色热升华打印机、彩色热蜡打印机等。但目前能满足出版印刷要求的打印速度、幅面、加网方式和产品质量的多为大幅面彩色喷墨打印机，如 HP 5000/120、EPSON 7600/9600、ROLAND、ENCAD、NOVAJET 等。数码打样软件则包括 RIP、彩色管理软件、拼大版、控制数据管理和输入、输出接口等几部分，主要完成图文的数字加网、页面拼合与拆分、油墨色域与打印墨水色域的匹配、不同印刷方式与工艺的数据保存、各种设备间数据的交换等。数码打样软件是系统的核心与关键，直接决定了数码打样取代传统打样的进程。

由于数码打样采用数字控制，设备体积小、价格低廉，因此对打样人员知识及经验的要求比传统打样工艺低，易于普及和推广。

数码打样既不同于传统打样机平压圆的印刷方式，又不同于印刷机圆压圆的印刷方式，而是以印刷品颜色的呈色范围和与印刷内容相同的 RIP 数据为基础，采用数码打样大色域空间匹配印刷小色域空间的方式来再现印刷色彩，不需任何转换就能满足平、凸、凹、柔、网等各种印刷方式的要求，能根据用户的实际印刷状况来制作样张，彻底解决了不能结合后续实际印刷工艺，从而给印刷带来困难等问题。

二、数码打样的工作方法

色彩控制能力是衡量数码打样系统的关键。下面对数码打样的具体实施进行详细介绍。

1. 选择或制作参考特征文件

数码打样的关键在于输出能够模拟印刷效果的样张，为后续印刷工作提供依据。因此数码打样的第一步就是选择或制作与印刷机相对应的参考特征文件。一些数码打样软件为用户提供一些常用的印刷标准特征文件，用户可以从中进行选择。如果用户所采用的印刷设备状态不是标准的，则可以通过色彩管理系统制作自己专用的设备特征文件。具体制作过程参见本书模块三中的项目三。

数码打样技术的核心之一就是建立准确的参考特征文件，而准确的参考特征文件是建立在对整个印刷工艺流程中的设备、材料、操作进行规范化的管理基础上的。规范化管理是否真正有效，可以通过数码打样技术来检验。

2. 彩色打印机的线性化

普通彩色喷墨打印机的线性都有问题，暗调部分均存在并级现象，而且各打印原色的线性也不相同。如果用未经线性化的打印机输出的色表来制作设备特征文件，则会使制作出来的用来反映设备色彩特性的特征文件存在误差。

数码打样软件提供了打印机线性化功能。在打样前打印机先输出一组色块，通过仪器测量，确定样张输出设备的最大总墨量、各打印原色的最大墨量以及各打印原色的线性校正曲线。具体方法参见本书模块三中的项目三。

3. 制作色彩特征文件

彩色喷墨设备所使用的纸张和墨种类繁多，呈色特性也各不相同，更换纸张会导致色彩发生变化。特征文件的制作与参考特征文件的制作过程相类似。首先打印出标准色表，其次使用分光光度计和专业软件进行测量和计算，最后获得反映彩色打印机和打印纸张特性的特征文件。具体方法参见本书模块三中的项目三。

4. 打样输出

将印刷参考特征文件与打印机参考特征文件置入数码打样系统相应的区域完成色彩管理设置后，打印出与印刷效果相当的样张。

三、数码打样的技术问题

l. 打样机校正（线性化）功能

数码打样软件包含色彩管理控制部分，因此不仅可以进行打样输出，还可以配合测量仪器对设备进行校准。打样设备只有进行校正以后，才能处于最佳状态，打印出的色表及制作的特征文件才能准确，从而保证打样色彩再现与印刷再现的一致。因此对于不同的数码打样软件，首要问题是对设备进行校正。

2. 色彩调校功能

数码打样软件中，对色彩的控制能力十分关键，因此除了通过设备特征文件，结合打样软件的转换进行色彩控制外，通常还会使用一些色彩调校功能，如一些线性控制等，通过调节各通道墨量的变化，达到进一步的色彩控制。同时，打样系统还需要支持专色，从而精确地把颜色模拟复制出来。

3. 远程打样技术

远程打样是印刷厂直接把文件输出到客户的彩色打样机上打样输出的过程。如今随着技术的成熟，印刷厂和印前厂商已经建立了 Internet FTP（File Transfer Protocol 文件传输协议）站点。这些站点建立在印刷厂的 FTP 服务器上，客户通过 Internet 连接将自己的文件上传到印刷厂的 FTP 服务器上，印刷厂完成印前制作后，再把文件拷回服务器，客户可以从服务器上下载文件，并在自己的彩色打样机上输出。

成功的远程打样需要具备三个基本条件：① 从 A 点到 B 点传输文件的方法；② 可靠稳定的打样系统；③ 远程网站上控制校准和预测色彩准确度的方法。

任务二　典型的数码打样系统

【知识目标】

了解印刷系统中典型的数码系统。

【能力目标】

了解印刷系统中数码打样的实现方法。

一、O.R.I.S 数码打样系统

O.R.I.S 数码打样系统简洁明了，功能强大实用，符合德国产品的一贯风格。O.R.I.S Color Tunner 是对数码打样进行颜色校正的工具，它不仅具有各色版的阶调调整工具，更具有专色校色功能。在数码打样中，除了纸张以外，所使用的墨水与传统打样也有很大区别。因此，有时候即使调整过某种颜色的阶调层次曲线，仍然无法纠正某些偏色情况。这时候就需要专色校色工具，在数码打样中该功能能精确控制各颜色的再现。

此外，O.R.I.S Color Tunner 中还使用了逐次逼近的方法，根据测量的 ICC 特征文件，再次输出色彩参考文件。测量后，可以重新生成更接近打样稿的特性文件。反复几次，最终达到满意的结果。在没有任何颜色调整的情况下，仅通过第一次测量的特性文件输出，数码打样结果还是存在一定偏差。通过上述方法，可以很快达到用户要求的色彩结果。

二、EFI 数码打样系统

EFI 打样软件结合喷墨打印机和激光打印机成为一个可以满足广大数字流程需求的数码打样软件。EFI 软件的前身为 Bestcolor 软件，其创始人 Stefan 博士是德国 Fogra 学院新技术开发组的负责人。1994 年，全球出版界中操作系统应用软件的领导在 Fogra 学院的倡导下制定了色彩管理标准 ICC，这一标准使得任何一家公司的 ICC 文件在所有的计算机操作系统下得以兼容，从此 ICC 色彩转换技术被引入到打样领域。Bestcolor 正是在这种环境下诞生，它的研发小组成员参与了 ICC 标准的建立，掌握了核心技术。

EFI 数码打样软件可以运行在多种计算机操作平台上，具有强大的扩展功能。在 Mac、PC 和 UNIX 上的作业，均可以通过网络以多种连接形式在打印机上打印，而且可以一边 RIP，一边打印。它的专色处理、拼大版、预显打印结果和专色打印功能都非常实用。

同时，EFI 数码打样系统还提供多种标准色表，使得建立的输出设备特征文件质量很高。

三、方正数码打样系统

1999 年底，北大方正推出了基于方正世纪 RIP 的数码打样插件，解决了国内用户数码打样的需求。

北大方正数码打样系统中采用 Kodak 公司的 ColorFlow 软件进行 ICC 特征文件的生成，因此在颜色匹配中也采用了 Kodak 的色彩转换模式。

方正数码打样软件可以与 EPSON 的一系列设备配合使用，主要功能有：高质量网点全真彩色；颜色微调功能方便进行校色；黑色保留功能保持数字打样灰平衡；高速打样、快速预显；兼容苹果、PC 机各种设计排版软件及方正软件；自动拼页打印、节省时间耗材；支持预分文件、专色打印；支持单色、双色打样；支持并口、USB、网卡、1394 端口等多种打样方式。

任务三 ORIS 数码打样实训

1. 实训目的和要求

掌握数码打样的工作原理，使用 ORIS 软件完成数码打样。

2. 实训内容和原理

数码打样是一种廉价的色彩表达模式，仿真印刷设备的实际色彩表达，节约时间和成本。理论上是在进行输出设备间的色彩空间转换。只要使用的数码打样设备其色域大于印刷色域，就可以通过数码打样软件控制、模拟各种印刷输出效果。

3. 实训器材

计算机，ORIS 数码打样软件，I1 Pro、EPSON 7910 数码打样机。

4. 实训步骤

（1）将 EPSON 7910 打样机连接到计算机，开机预热。

（2）打开 ORIS 软件，首先对打样机进行校正，校正过程参照本书模块三中项目三打印机的校正；

打印机线性化和墨量限制完成后，进入色彩匹配界面，（见图 4-29）。其中，"无"表示不做色彩校正；"ICC"表示通过 ICC 进行色彩匹配。先做打印机 ICC 和印刷机 ICC 转换，不建议选择该项；建议选择"ORIS DAT 色表"，并选择"通过自动色彩匹配建立色表"；点击下一步。

（3）进入色彩匹配选项界面（见图4-30）。

① 相关打印机校准文件：默认值，自动加载。

② 目标ICC文件：即印刷机的ICC文件，直接调用。

③ 测试图：基于选择的测量设备的测试图表进行选择，用什么设备就选择什么测试图。

④ 闭环模式：不勾选。

⑤ 保持纯黑：如果打样机所使用的墨水和印刷墨很接近就勾选。一般建议不勾选，否则色差优化不下去。

⑥ 分色方式：选择用户输入。

⑦ 无噪点：勾选，目的是去除图文噪点。

⑧ 起始点：黑版起始点，根据具体的印刷工艺进行选择，推荐20-30。

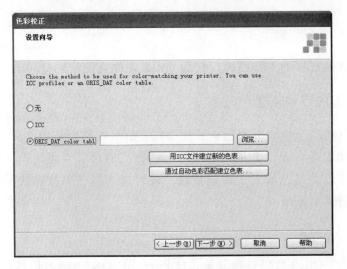

图4-29　色彩校正界面

⑨ 总油墨覆盖率：是指印刷的总墨量，不是打印机之前设定的最大墨量，根据印刷工艺决定，胶印建议设置为320。

⑩ CMYK减少：根据CMYK曲线决定，默认50。

⑪ 转换意图：数码打样建议是绝对色度转换，其他的默认不做修改。

⑫ 设置完毕后，点击继续。

（4）进入打印测试图界面，（见图4-31）。勾选"应用滤镜"，不做修改，点击"下一步"，打印测试图表。

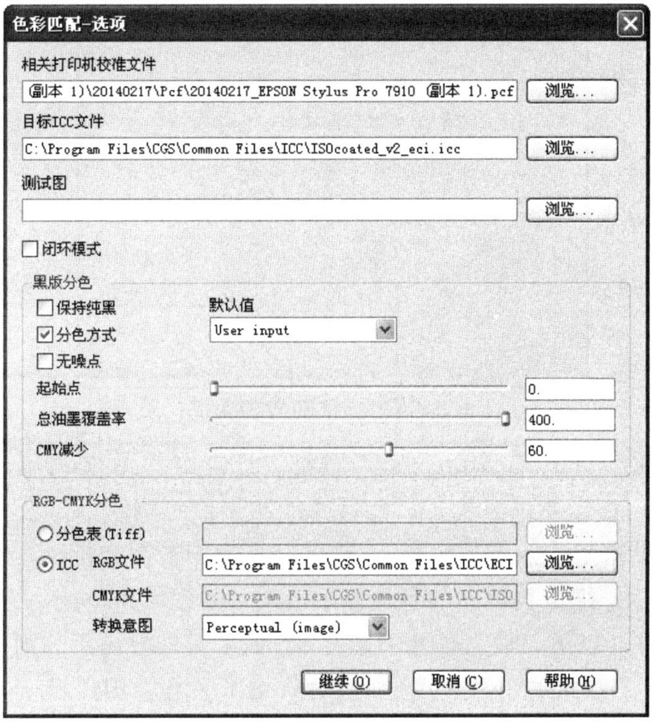

图 4-30 色彩匹配选项

图 4-31 打印测试图界面

（5）进入测试图测量界面，选择"我想要测量测试图"，点击"下一步"，
（见图 4-32 ）。

图 4-32　测试图测量界面

（6）点击"Start measurement"进行测量，如图 4-33 所示。用 I1 Pro进行测量时，首先要进行校正，然后才能测量。每测量一行会显示一行，一步步测量结束后，点击"完成"，软件会自动作数据分析，得到平均色差和最大色差，并把最大色差的色块显示出来，如图 4-34 所示。色差平均值建议优化到 1.5 以下，最大色差不超过 5。如果对结果满意，则选择"我对此结果满意"，点击"下一步"；如果对结果不满意，则选择"我想进一步测量提高结果"，点击"上一步"，再次打印色表，再次优化，软件会进行计算分析作出数据修改和补偿，直到色差达到满意为止。

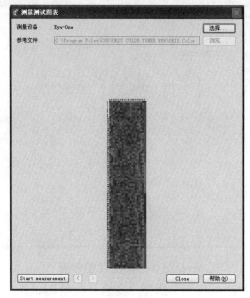

图 4-33　测量测试图表界面

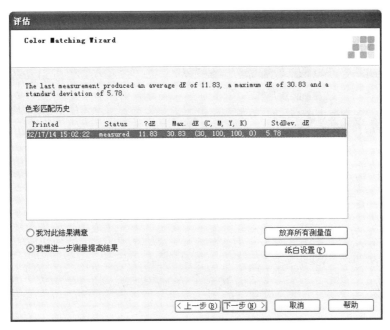

图 4-34　测量结果评估

（7）专色的校正需重新开通，在此不作论述，选择"无"，点击"下一步"，（见图 4-35）。

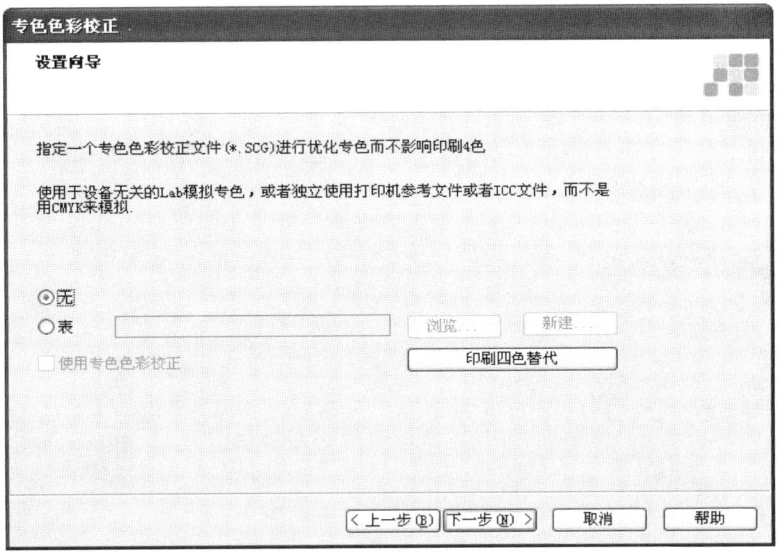

图 4-35　专色色彩校正

（8）队列设置成功。队列里面包含了线性文件、色彩转换、作业流程等，（见图 4-36）。

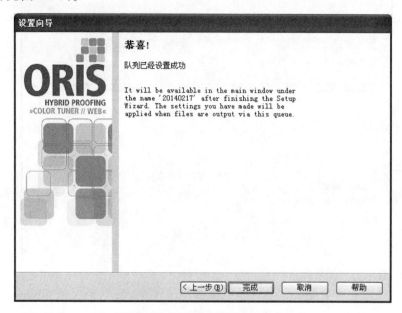

图 4-36　设置向导队列生成

（9）新生成的队列显示在打印机下方，（见图 4-37）。

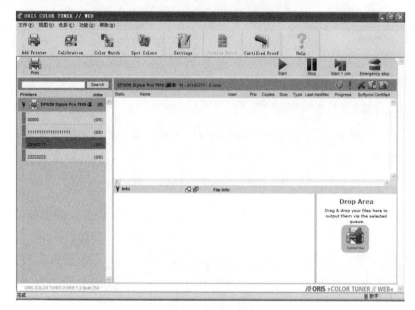

图 4-37　新生成的队列

（10）使用新生成的队列打印文件，（见图 4-38）。

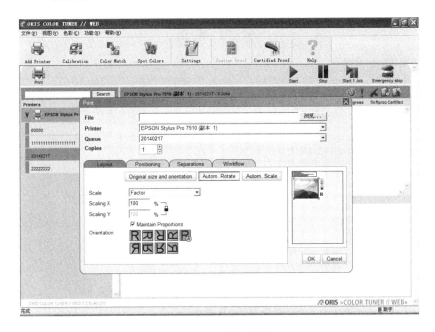

图 4-38　打印界面

（11）打印出来的样张即数码打样结果。

5. 实验结果及数据分析

将数码打样结果与普通打印结果进行比较。

【复习思考题】

1. 说明数码打样的工作原理。
2. 以 ORIS 打样系统为例，叙述数码打样过程。

参考文献

[1] 田全慧. 印刷色彩管理[M]. 北京：印刷工业出版社，2011.

[2] 田全慧，郑亮. 色彩管理技术[M]. 北京：中国劳动与社会保障出版社，2006.

[3] 杜功顺. 印刷色彩学[M]. 北京：印刷工业出版社，1995.

[4] 程杰铭. 色彩学[M]. 北京：科学出版社，2001.

[5] 郝清霞. 数字印前工艺[M]. 上海：上海科技教育出版社，2001.

[6] 陈亚雄. 色彩管理应用技术现状[J]. 印刷技术，2002（2）.

[7] 张世锟. ICC 色彩特性描述技术讨论[J]. 印刷科技，2001（2）.

[8] 殷幼芳. 论彩色数字打样技术[J]. 印刷技术，2002，（1）.

[9] 刘宽新. 数码影像专业教程[M]. 北京：人民邮电出版社，2008.

[10] 陈士文. 彩色打样的现状及发展趋势[J]. 印刷技术，1998，6：37.

[11] 田全慧. CMS 中四种色彩转换方式的比较[J]. 出版与印刷，2006（2）.

[12] 刘武辉. Device link profile 浅谈[J]. 广东印刷，2009（4）.

[13] 吴秀琴. 雅昌的 G7 认证之路[EB/OL]. http://www.keyin.cn/magazine/ysjs/201011/02-455824. shtml，2010-09-10/2016-04-02.

[14] 必胜网. Acrobat 色彩管理设置[EB/OL]. http://www.bisenet.com/article/201009/83005.htm，2010-09-15/2016-03-20.

[15] 陈琪莎，王利婕，何颂华. 数码相机的色彩校正与色彩原理[EB/OL]. http://library.keyin.cn/plus/view.php?aid=63812，2005-10-06/2016-02-10.

[16] 中国印前网. 正确设置 Photoshop 进行色彩管理[EB/OL]. http://www.360doc.com/content/13/0131/13/7093384_263393848.shtml，2010-12-25/2016-02-15.

[17] 王效孟，于洋. 印刷流程与工艺[M]. 北京：北京理工大学出版社. 2009.

[18] 电子发烧友网. 什么是印刷网点 [EB/OL]. http://www.elecfans.com/dianzichangshi/2009101296108.html，2009-10-12/2016-01-02.

[19] 五月. 调频与调幅加网[EB/OL]. http://www.bisenet.com/article/200312/7476.htm，2003-12-30/2015-12-20.

[20] 修澄．网点形状 [EB/OL]．http://www.bisenet.com/article/200312/7341.htm，2003-12-04/2015-12-05.

[21] taiyichen.加网角度 [EB/OL]．http://baike.so.com/doc/4554346-4764976.html，2012-10-16/2015-12-25.

[22] 牛文娟．揭秘柔性版印刷原理[EB/OL]．http://info.printing.hc360.com/2012/11/s061042471618.shtml，2012-11-06/2016-01-10.

[23] 姚海根．数字印刷[M]．上海：上海科学技术技术社．2006.

[24] 刘全香．数字印刷技术[M]．北京：北京印刷工业出版社．2006.

[25] 朱晓明．现代印刷包装产业发展战略研究[M]．上海：上海复旦大学出版社，2007.

[26] 李永强．色彩管理的意义 [EB/OL]．http://www.bisenet.com/article/201010/84136.htm，2010-10-25/2016-02-15.

[27] 深白色彩管理网．如何理解色彩管理[EB/OL]．http://www.color-gl.com/Article/ArticleShow.asp?ArticleID=18，2007-05-11/2016-03-04.

[28] 必胜网．色彩管理的基本流程[EB/OL]．http://www.keyin.cn/plus/view.php?aid=80507，2007-12-11/2016-03-24.

[29] arthur007．色彩复制原理与 LAB[EB/OL]．http://blog.sina.com.cn/s/blog_9e9d0e600100wzqs.html，2012-01-17/2016-03-20.

[30] 新浪博客．什么是 ICC Profile [EB/OL]．http://blog.sina.com.cn/s/blog_4a68b68301000a82.html，2007-07-26/2016-03-05.

[31] 曲晨．印刷图像阶调复制 [EB/OL]．http://www.keyin.cn/ magazine/pt-bzzh/200809/17-57624.shtml，2007-11-11/2016-03-21.

[32] 必胜网．数字印刷成像原理 7 大分类[EB/OL]．http://www.bisenet.com/article/201208/117294.htm，2012-08-09/2016-03-16.

[32] 贾金平．IT8．7 色标家族及其色彩特性描述文件制作[J]．广东印刷，2009（1）.

[34] 田全慧．印刷色彩学[M]．上海：上海交通大学出版社，2008.